ノルマンディー戦車戦

タンクバトルV

齋木伸生

潮書房光人社

ノルマンディー戦車戦——目次

写真提供／雑誌「丸」編集部
イラスト／上田信

ノルマンディー戦車戦

タンクバトルV

【第1部 レニングラード包囲の終わり】

第1章 第五〇二重戦車大隊の落日

完全な編成となった第五〇二重戦車は、現地にとどまる第一中隊とともにレニングラード攻防戦に投入された。しかし、ソ連軍の猛攻にさらされたティーガーは分散して戦うことになった!

一九四三年七月～八月 第三次ラドガ湖戦

レニングラードの攻防戦

一九四三年一月一八日、第二次ラドガ湖戦の結果、ソ連レニングラード方面軍の第六七軍とヴォルホフ方面軍の第二打撃軍は第五労働者集合住宅で握手をかわし、レニングラードの包囲は終わった。しかし、実際はわずか一〇キロの狭い回廊が作られただけで、三月まで両軍の激しい戦闘はつづき、春の泥濘の訪れとともに終息した。

三月七日、レニングラード戦線の火消し役として数々の活躍を繰り返した、ティーガー戦車を装備した第五〇二重戦車大隊にドイツ本国への帰国命令がとどいた。これまで大隊はたった一個中隊しかもたなかったが、これを完全編成にするためである。大隊本部と諸部隊はパーダーボルンに戻り、第二、第三中隊と合流することになった。

しかし、第一中隊は戦場を離れることはできず、第一八軍団の隷下でレニングラード戦区に残置されることになった。取り残されたたった一個中隊。三月九日、彼らの稼働戦車はティーガー四両にⅢ号戦車三両だけ。それでも彼らは八面六臂の活躍を見せる。一三日にはニコールスコエの鉄橋を確保、一六日にはミシュキノちかくのトーチカを破壊した。

そして一九日には、コルピノからシャアブリノを臨むラスニィ・ポール南部にかけてソ連軍の攻撃が再開されたため、迎撃戦闘に出動した。第一中隊はティーガー四両にⅢ号戦車三両の稼働車両で敵戦車一〇両を破壊した。二〇日には敵戦車一二両撃破、二一日には一八両を撃破と戦果は積もる。

しかし三一日には、ぬかるみにはまったティーガー二両を爆破しなければならなかった。これでティーガーの保有数はたったの七両に減ってしまった。それでも、これまでにわずかなティーガーの挙げた戦果ははなばなしいものであった。

四月六日、リンデマン上級大将が第五〇二重戦車大隊第一中隊を讃えたが、一月から四月にかけての三ヵ月半の間に、レニングラード南部およびラドガ湖南のニェワにおける全戦果一六三両のうち、じつに四分の一が同中隊の戦果であったのである。その後、ふたたび戦闘は小康状態となり、第一中隊は少ないながらもその戦力を強化し、大隊の残余との合流を待つことになる。

工場で組み立てられるティーガー。ソ連戦車を圧倒する威力をもつが、東部戦線のドイツ部隊は十分な戦力の戦車を保有できなかった

第五〇二重戦車大隊の再編成にあたる幹部士官たちがドイツ本国のパーダーボルン駅に到着したとき、駅はちょうど連合軍の空襲の真っ只中であった。まったくもって不吉な滑りだし。しかし、めげることなく、戦車兵たちはパーダーボルンのゼンネラーガーに宿営し、訓練を開始した。

ティーガー戦車が工場から一両、また一両と到着し、配備が進められた。新しい中隊には、おのおの一四両のティーガーが配属され、本部には三両が配備された。

第二中隊の兵員の大部分は第一三機甲師団第四機甲連隊第四中隊から抽出されたが、第三中隊は雑多な兵員の寄せ集めであった。第二中隊長はショーバー大尉、第三中隊長はエーメ大尉である。四月末には、編成、補充が完了した部隊は、フランスのブルターニュへと移動した。

ブルターニュでは野外訓練と教練がはじまり、ティーガーへの完熟が図られた。ティーガーはこれまでの戦車とは次元の違う戦車である。その取り扱いには熟練が必要であった。六月中旬、大隊の編成作業は終了した。こうして第五〇二重戦車大隊は——レニングラード周辺に留まる第一中隊を加えて——ようやく完全な編成となったのである。

六月二六日、第五〇二重戦車大隊車両の貨車積みが開始された。行き先はもちろん第一中隊のいるレニングラードである。プロエルメルから、レンヌ、ル・マン、ヴェルサイユ、シャロン、バル・ル・ドゥクを経て、メッツへ。風光明媚なフランスを抜けて、今度は母国ドイツを走る。ザールブリッケン、マインツ、フルダ、ミュールハウゼン、ノルドハウゼン、フランクフルト・アム・オーデルへ。

しかし、そこから先に進むにつれて、風景はだんだんと陰鬱になっていく。列車はポーランド、そしてロシアへと近づいていった。ポーゼン、トルン、アレンシュタイン、インシュターブルグ、ティルジット。そしてバルト三国を経て、ヴォイスコービッツで下車し、サロシへと行軍した。彼らはふたたび東部戦線の泥まみれの前線へともどって来たのである。

再編第五〇二重戦車大隊の出撃

七月二一日、大隊はレニングラード包囲網の最前線、ムガーの周辺に集結し警戒態勢をとった。ソ連軍の攻勢が近いのは、彼らにもわかっていた。戦闘可能な車両は、ティーガー三六両、そして支援のⅢ号戦車N型一両、Ⅲ号戦車長砲身型三両であった。七月二二日午前三時、戦線東部そして三時半には戦線北部のムガー弧状部への、ソ連軍の攻撃が開始された。

ソ連軍の目的は、レニングラードとソ連本土とをつなぐ細い回廊を、南方へと拡大することであった。レニングラードとロシア本土をつなぐ回廊は、回復されたとはいえあまりにか細く弱々しく、つねにドイツ軍の砲撃にさらされていたのだ。なかでも重要であったのが、ムガーの鉄道分岐点であった。鉄道は、ソ連軍にとってもドイツ軍にとっても生命線であった。周囲から鉄道線路が集結するムガーを支配するものが、この地を支配するのである。

ムガーを占領するため、デャハーノフ少将の指揮する第六七軍は北からシニャヴィノ高地へ正面攻撃をかけ、スタニコフ少将の第八軍は東からガイドロヴォの脇を抜けて攻撃を仕掛けた。彼らはまさにムガーで握手をすることを予定していた。これにたいするドイツ軍は、第二六軍団の三個師団がここを守備していた。ニェワのシニャウィノの間に第二二三歩兵師団、高地帯に第一一歩兵師団、そしてその東には、第二九〇歩兵師団があった。彼らを助けることのできる戦車部隊は、第五〇二重戦車大隊の一握りのティーガーだけだった。

「シュボ、シュボ」

「ヒューン、ヒューン」

野砲の発射にロケット弾の飛翔、

「ズーン、ズーン」

「ズバババババ」

砲弾の落下にまとまって着弾するのはロケット弾。

ムガー周辺のドイツ軍戦線は、ソ連軍の激しい砲撃にさらされた。ソ連軍はあらゆる口径の火砲と重迫撃砲一〇〇個中隊以上と多数のカチューシャロケットを、この戦線に集結させたのである。

三時間つづいた砲撃で、ドイツ軍防御陣地はずたずたにされた。鉄条網は引き裂かれ、塹壕は土砂で埋まった。トーチカはつぶれ、機関銃座は破壊された。電話線は切断され後方との連絡は断たれた。それでも、けなげに生き残った兵士たちは、悠揚と配置についた。

「ドドドドドド」

戦車の前進する地響き。

「ウラー、ウラー」

歩兵の雄叫び。

「ボボボボボボ」

ドイツ軍陣地から火線が延び、ソ連兵の隊列をなぎ倒す。

しかし、それはあまりに弱々しい、しょせん蟷螂《とうろう》の斧でしかなかった。やがて戦車と歩兵の大群は、彼らを飲み込んでいった。

第五〇二重戦車大隊には、第一一、第二三歩兵師団を助けるため、その阻止拠点に向かうことが命じられた。第二中隊は、当初はムガーでの降車が予定されていたが、鉄道分岐点のポイントが砲撃破壊されたため、ムガーの手前のズニグリで貨車を降りなければならなかっ

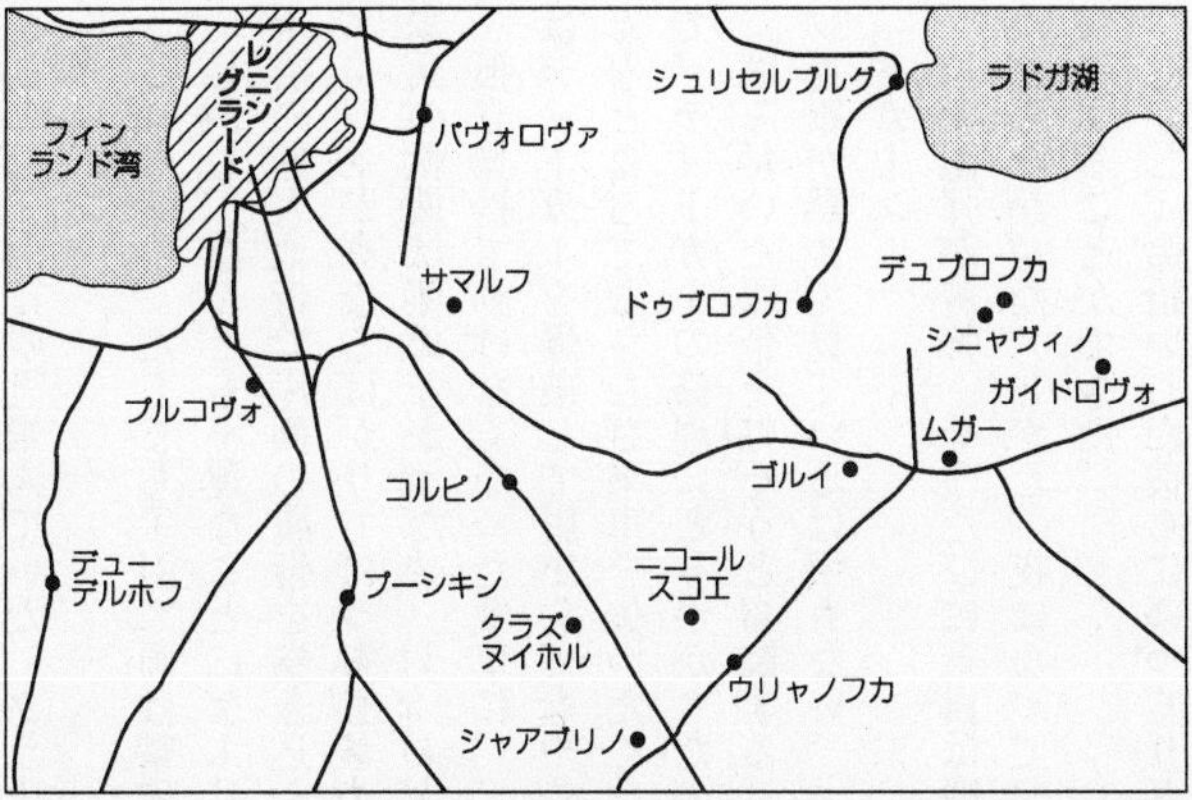

た。しかし、そこにはティーガーの降車用の傾斜路がなく、降車には大変な手間がかかった。そのうえ一両のティーガーは転覆してしまい、主砲を損傷してしまったのである。

貨車から降ろされたティーガーは、すぐさま戦闘に投入された。任務は歩兵の支援である。中隊の戦車はバラバラにされた。ゲーリング上級曹長はたった一両で、第一一歩兵師団と第二三歩兵師団の接合部に入り込んだ敵戦車の排除を命じられた。敵に気づかれぬよう慎重に前進。物陰から物陰へと慎重にティーガーを進める。敵の位置は味方の砲兵観測員が把握していた。それなら敵を打ち倒すことなど赤子の手を捻るようなものである。

ゲーリングはドイツ軍主戦線を越えて、その外側へと回った。そこからつごうの良い距離と場所を選んでティーガーを止めた。まず、左側のT34を狙う。

「徹甲弾、フォイエル！」

砲手のクラーマーが発射ペダルを踏むと、つぎの瞬間にはT34は吹き飛んでいた。クラーマーは素早くもう一両のT34を照準。

「グワーン」

これも命中。たちまちT34二両は撃破された。

しかし、なんとも不運なことにゲーリングのティーガーは、味方の主戦線へと後退途中に、手前の無人地帯で片側の履帯を巻き込んでしまったのである。なんとか動かそうとしても、エンジンがうなるばかりでにっちもさっちも行かない。まだ味方の陣地までは距離があり、歩兵の救援は望めなかった。

孤立無援で動けなくなった戦車に、ソ連軍はさかんに迫撃砲を撃ちかけてきた。本来ならばティーガーを爆破して脱出してもやむを得ないところだった。しかし、ゲーリングらはこんなところでむざむざ乗車を失いたくはなかった。彼らはなんと敵弾の飛び交うまっただ中で、ティーガーの修理にとりかかったのである！

噛み付いた履帯を外そうと奮闘する。重たい履帯をなんとかするだけでもひと苦労なのに、ソ連軍が黙って見ているはずもない。

「ドカーン！」

迫撃砲弾が着弾。そのたびに乗員は戦車の下に飛び込んでやり過ごす。なかなか作業ははかどらなかった。しかし、夜になってソ連軍の射撃が止んだ間に、ゲーリングらはなんとか修理することができた。

しかし、命拾いした彼らにゆっくりと休んでいる暇はなかった。彼らはすぐさま歩兵の直協支援に出動するよう命じられたのである。とにかく、ここには彼らしかいないのである。中隊の戦車はすべてひっぱりだこで、あちらに一両、こちらに二両と、ばらばらに使い回された。数両のティーガーは二四〜二五日に歩兵を支援してモイカ小流北部で戦闘し、多数の敵戦車を撃破。二八日にはふたたびゲーリングのティーガーは、第一一歩兵師団と第二三歩兵師団の接合部の「指」陣地に赴き、四日にわたってトーチカ代わりに前線で踏ん張った。

それがティーガーにふさわしい任務であるかはともかくとして、彼らはそれをやり遂げるしかなかった。そこは彼らがこれまで戦って来た戦場とはまったく異なっていた。ドイツ戦車乗員にとって、戦車戦とは機動戦であった。ポーランド、フランス、南ロシア、カフカスと、彼らは戦車の速度を生かして勝利を遂げて来た。しかし、ここレニングラード前面ではどうだろう。泥沼、砂丘、通れるのは丸太で補強した道路だけ。ここはとても機動戦がやれる場所ではなかった。

そして、任務は歩兵の支援。戦車は歩兵に随伴してのろのろと前進する。一〇〇、二〇〇、三〇〇メートル行っては停止。敵のトーチカを爆砕する。ふたたび前進。しかし、またすぐに停止。敵の激しい砲撃で行く手が遮られる。一時間どころか一日つづく連続砲撃で、まったく身動きがとれなくなるのだ。

敵は見えない対戦車砲である。やつらにはいきなりガツンと撃たれて気づくのだ。転輪がいくつか吹き飛び、司令塔のガラスが割れ飛ぶ。この任務はティーガーの持つ価値にふさわしいものではなかったかもしれない。しかし、逆にこれはまたこのうえなくタフなティーガーでなければ果たすことができなかった任務とも言えよう。

ボロボロになった第三中隊

第三中隊はどうだったか。じつは第三中隊はもっとひどい目にあっていた。彼らは第二中隊より先に降車し、二一日にはポショーロク6の鉄道分岐点近くの集結地点へ入った。彼らの任務も第二中隊と同じだった。二二日、第三中隊は第一一歩兵師団と第二三歩兵師団の接合部の阻止拠点に向かうため、行軍を開始した。

「さあ、みんな、ティーガーでどこまでやれるか、まあ、見てみようじゃないか！」

第三中隊の小隊長の一人グリューネヴァルト少尉は、彼の乗員たち、操縦士ブランド、砲手コプコウ、装塡手レーマー、無線手ノイマイヤーに声をかけた。しかし、彼らはたいしたところまで行けなかった。

「少尉殿、この車どうもダメそうであります」

ブランドは声をかけた。

「いやブランド、それはだめだ、はじめてのティーガーの出撃で逃げ出すわけにはいかない。やるしかない。なんとかなるさ」

しかし、なんともならなかった。グリューネヴァルトのティーガーは、どうにも動けなくなってしまった。しかたなくグリューネヴァルトは、ディットマール曹長のティーガーに乗り換えて前進をつづけることにした。後には故障した戦車と、ディットマール、そして、グリューネヴァルト車の乗員が残された。

しかし、前進をつづけた中隊には悲劇が待っていた。まだ朝も早いうち、まず中隊のティーガーは、川の前で足止めを食った。川には橋がかかっていたが、その橋はたった三トン！の許容荷重しかなかったのである。とてもティーガーが渡れる重さではない。だからといってティーガーが前進をやめるわけにはいかなかった。

第一一歩兵師団と第二三歩兵師団の接合部を突破したソ連軍部隊を阻止するためには、なんとしても前線にたどり着かねばならないのだ！　中隊長のエーメ大尉は、渡れる場所をあちこち捜し回り、なんとか見つけて川を渡った。しかし、そうこうするうちにも、ソ連軍の激しい砲撃はつづいていた。

「ズガーン、ズガーン」

「ドワワワ」

ティーガーはまるで射撃の的になったかのように、弾幕につつまれた。

「カーン、カーン」

「コツン、コツン」

砲弾の破片と跳ね上げられた石片がティーガーの装甲板を叩く。このままではティーガーがむだにやられるだけだ。エーメ大尉は無線で部下の小隊長にティーガーを分散するよう命じた。しかし、各車からの返答はなかった。すでに戦車はみなアンテナと無線機をやられて

路上に停車して88ミリ弾を補給するティーガー——主砲の威力は抜群だった

しまっていたのである。やむなくエーメ大尉はティーガーを降りて、命令伝達のために各車両を走り回った。

このとき、ソ連軍の爆撃機、地上攻撃機の編隊が襲いかかった。

「ドカーン、ドカーン」

「ガンガンガン」

ティーガーの隊列は航空爆弾の弾幕につつまれ、装甲板を機銃弾が叩く。「ウッ!」弾片が背中にあたりエーメ大尉は倒れた。歩兵将校から知らされた操縦士のシュタインメッツが抱きかかえた腕の中で、エーメ大尉は死亡した。

中隊長を失ったものの、なおも第三中隊は前進をつづけた。しかし、レニングラード周辺に広がる湿地帯の中で、中隊のティーガーはつぎつぎと動けなくなっていった。ハウプトマン曹長車は、履帯を巻き込み動けなくなった。乗員は必死で直そうと奮闘する。そこにディットマール車、元のグリューネヴァルト車が通りかかった。

彼らは、命令を待っていたが、いつまでも何も言って来ないので、状況がわからないまま、ともかく壊れかけたティーガーをだまして前線に向かうことにしたのである。しかし、彼らのティーガーも、ハウプトマン車を追い越したところで、ギアがおかしくなって動けなくなった。一〇分後、なんとかふたたび動けるようになった。

前方からはつぎからつぎと、負傷兵をのせた車がやって来る。前線の状況はひどいようだ。さらに前進すると、ディットマールはまた落伍したティーガーに出会った。こんどは中隊長車だった。戦車の上にはテントの布地にくるまれたエーメ大尉の遺体がのせられていた。中隊長車もまた、故障のため後方に戻る途中だった。

終わらないティーガーの戦い

この日、勇躍出撃した第三中隊は、わずか二時間のうちに、一四両のうち一二両が落伍した。そして彼らは空襲と砲撃で、死者八名、負傷者二二名という損害を被ったのである。中隊長も小隊長の幾人かも戦死し、中隊は瞬時にして戦力を失った。しかし、第三中隊の戦いはまだ終わらなかった。

二三日早朝、ディットマールは修理なったティーガーに乗って、もう一両のティーガーを引き連れて、最前線の「トーチカ村」へと向かった。「トーチカ村」は湿地帯に突き出た低い砂丘で、そのでっぱりのひとつひとつが、機関銃、迫撃砲、対戦車砲で固められた拠点となっていたため、このあだながつけられていた。この地点は同地の制高点であり、独ソ両軍どちらの側もどうしても奪取したい要衝であった。

二四日午後、ティーガーに「トーチカ村」を奪取せよとの命令が下った。増援としてハンス・ミュラー軍曹が乗った中隊長の三〇一号車と突撃砲二両が加わった。ミュラーのティーガーが先頭に立ち、各車には少数の歩兵が付き従う。ティーガーを見つけた「トーチカ村」からは、ありとあらゆる射撃が集中する。

「ピカッ」

ひときわ輝く発射火光は重対戦車砲の射撃だ。ティーガーもさかんに榴弾をお見舞いするが、生い茂った樹木にじゃまされて、なかなか効果を発揮しない。

道路前方にT34が出現した。一、二、三、……六両もいる。しかし、彼らはとんでもない失策を犯した。彼らは路上のティーガーを認めると、道路脇へと降りて散開しようとしたのである。T34はドイツ戦車がとても動けない、ロシアの泥沼をものともしない伝説的な機動力を誇る。しかし、ここはまさに本物の湿地！　沼地！　であった。

いくら幅広の履帯を持つT34といえども、ものには限度がある。六両のT34はたちまち泥にはまって動けなくなった。ミュラーのティーガーは、ここぞとばかりに砲火を開いた。泥にはまったT34は、座り込んだあひるを撃つようなものだった。六両のT34は、たちまち六本のたいまつとなって燃え上がった。T34は撃ち取られたものの、「トーチカ村」のソ連兵は抵抗を止めなかった。ドイツ側は兵力が足りず、奪取をあきらめるしかなかった。

ティーガーは、ゆっくりとバックで下がった。というのも道を一歩でも外れれば、彼らにもさっきのT34と同じ運命が待っていることは明らかだったからである。辛抱強く後ろ向きで走りつづけたが、右にも左にも動くことのできないティーガーに、「トーチカ村」からの射撃が集中する。一発、二発、三発、つぎつぎと弾丸が命中する。

「だめだ、もう動かせん」

ディトマールはティーガーを捨てた。

一方、ミュラー車は被弾しつつも脱出に成功した。彼らはディトマール車の乗員を収容して後方に向かった。その刹那、履帯が切れて、彼らは敵砲火の中でたいへんな肉体労働をするはめになったが、幸運なことにだれも負傷しないですんだ。その後、放棄されたディトマール車も、何日もかかって回収された。

その後もソ連軍の激しい攻撃はつづいた。八月いっぱいティーガーは、彼らにふさわしくないむなしい任務をつづけた。ふたたび「指」へ、そして「トーチカ村」へ。歩兵部隊は何かあればティーガーを呼び付けた。ラドガ湖戦は彼らにとって最低の戦いであった。

「この土地は見通しがきかぬし射界も極く狭い。それも走行可能を前提とした話だ。戦車一両だけでは、もし随伴歩兵と切り離された場合、敵歩兵との白兵戦になってすぐやられてしまうだろう」

大隊長のシュミット大尉は、不合理な前線への投入に反対したが、逆に更迭されてしまった。

ようやく九月になって戦闘は下火となり、ティーガーは前線を離脱し、後方に集結することができた。これらの戦いで、ティーガーは一〇〇両以上の敵戦車を撃破する大戦果を上げていた。しかし、それがティーガーとその乗員の労苦に見合うものであったのかどうか……。

第2章 ティーガーのエース、オットー・カリウスの大活躍

ネーヴェリに襲いかかったソ連軍にたいして立ち向かったのは、後に伝説的なティーガーのエースとして勇名を馳せることになる、オットー・カリウス少尉であった！

一九四三年一〇月～一九四四年二月　ネーヴェリ攻防戦

オットー・カリウス出撃

北方の戦線は安定したかに見えた。このためドイツ軍は兵力を引き抜き急を告げる南部へ送った。しかし、それはほんの見せかけであった。ソ連軍はまた新たな攻勢を準備していた。一〇月六日、カリーニン方面軍による攻撃が開始された。彼らはドイツ第一六軍と第六機甲軍の接続部を衝いて、ネーヴェリを陥落させたのである。これは一大事であった。これによってドイツ北方軍集団と中央軍集団の間には、ソ連軍の楔が打ち込まれてしまったのである。ネーヴェリを奪還しなければならない。第五〇二重戦車大隊の投入が決定された。ネーヴェリ周辺は、ムガー周辺とは違った。周辺は広大な平野で、一見するところ戦車戦には適していた。しかし、実際には低湿地や軟土の小森林が点在しており、戦車の行動はやはり相当

に制限されたのである。そして、そこにはティーガーにとっての強敵が出現した。ソ連版突撃砲のSU－122とSU－152である。とくに後者はその巨砲の威力を生かして、文字通り「ティーガー」を狩る猛獣殺しとして勇名を馳せることになる。

一〇月八日、最初のティーガーが貨車積みされた。しかし、輸送ははかどらなかった。このため一〇月から一一月にかけて、部隊はさみだれ式に到着した。本部中隊に至っては、到着は一一月二〇日だった。このため戦車は、一両からせいぜい数両単位で投入されることしかなかった。こうするより外になかったのだ。待ってなどいられない。どこの戦場でもティーガーは引っ張りだこだったのだから。

この戦いもティーガーにふさわしい、堂々たる戦車戦とは言い難かった。しかし、この戦いは数あるティーガー伝説のひとつを生み出すことになった。そう、敵戦車一五〇両を撃破し、柏葉付き騎士十字章を授与され、重戦車大隊の指揮官にまで上り詰めたティーガー戦車のトップエースのひとり、オットー・カリウスの登場である。

カリウスが、ティーガー大隊での頭角を表わしたのは、この戦いでだった。オットー・カリウスは一九二二年五月二七日、プファルツのツヴァイブリュッケンで生まれた。一九四〇年五月に召集されるが、最初の所属は歩兵部隊であった。彼はポーゼン市の第一四〇歩兵補充大隊に入った。しかし、訓練中に機甲部隊を志願し、ファイヒンゲンの第七機甲補充大隊に配属された。ここでカリウスは戦車兵として、装填手の役割を任されることになる。彼が最初に乗ったのは、チェコ製のちっぽけな38（t）戦車であった。

戦闘用のキャタピラのまま貨車に乗せられて前線へ送られるティーガー戦車

訓練はホルシュタイン州のプトロスで行なわれた。一〇月にはファイヒンゲンで第二一戦車連隊が編成され、対ソ戦がはじまる前にこれを基幹として第二〇機甲師団が編成された。バルバロッサ作戦では、師団は中央軍集団に所属し、カルヴァラーヤで国境を突破し、ベラルーシに進撃した。

このときカリウスはまだ38（t）戦車に乗っていたが、七月八日、ミンスクを目前にしたウーラの戦いで負傷した。ソ連軍の四五ミリ対戦車砲弾は、苦もなくこの軽戦車の前面装甲板を貫徹したのである。すぐ前線に復帰するものの、八月四日、第二五戦車連隊補充大隊への転属が命じられた。エアリンゲンで戦車とトラックの操縦訓練を受ける。その後、ベルリン近郊のヴュンスドルフで、第八士官候補生課程に加わった。

一九四二年二月、カリウスは古巣の第二一連隊に復帰したが、こんどは戦車長としてであった。師団はヴィヤージマの東とグジャーツクで戦闘をつづけ、夏にはスチェフカの前線にいた。乗車はまだ非力な38（t）戦車で、彼らは強力なソ連軍戦車相手に苦しい戦いをつづけていた。損害の累積で連隊には、もうたった一個中隊の戦車しかなかったのだ。

一九四三年一月、休暇で本国にいたカリウスに、転属命令が届いた。行き先はブトロスの第五〇〇補充大隊である。ティーガーとの出会いである。この大隊は新型戦車ティーガーの訓練をするための大隊であった。ブトロスでの教育を終えたカリウスは、パーダーボルンに送られ、第五〇二重戦車大隊第二中隊に配属された。

二月、大隊のティーガーとともに列車でレニングラードに送られ、ティーガーの初陣を飾ったのである。第五〇二重戦車大隊第二中隊が苦しい戦いをつづけた、「指」や「トーチカ村」のような地名は、カリウスにとってもおなじみの名前だった。

一対一二の戦車戦

一一月四日、ロヴェッツとネーヴェリの間の弱体な戦線を補強することを命じられた大隊は、第二中隊のカリウス少尉車を先発させることにした。カリウスはだらだらとつづく道を進んで行ったが、追求して来るはずの中隊との会合地点付近で、履帯を破損して立ち往生してしまった。こんなところで立ち往生とは。大急ぎで直さなければならない。

操縦士のケストナーだけでは手に負えなかった。全員が降りて必死に作業にとりかかった。

雪中に布陣した「アハト・アハト」。ティーガーとともにソ連戦車を狩った

履帯は全部で三トンもあるのだ。とてもつながったまま動かすことなどできない。端から三～四枚ずつ外して持っていくが、それでも一枚一〇〇キロもあるのだ！

やっとこさ修理を終えた、カリウスたちは満足げに広場に立って前方を見やった。ティーガーの停止位置からは、街道はゆるい登りとなって稜線の向こうへと消えていた。前方の丘の上に戦車のシルエットが見えた。無線手は何も言わない。味方の戦車だ。だれもがそう思っていた。

しかし、双眼鏡で覗いていたカリウスは、仰天した。背中には歩兵が乗っている。よろしく談笑するソ連兵の姿は、双眼鏡からはみ出すほど大きく見えた。敵だ！　敵戦車だ。敵はわれわれのことを放棄された戦車と思ったのか、まったく気にせずにどんどん近づいて来る。一、二、三、四、……なんと一個中隊一二両もいる。大変だ！

カリウスは戦車に飛び乗ると、すぐに戦闘準備にとりかかった。カリウスは砲手のクライウス軍曹に、敵を引き付けて撃つよう命じた。T34はまったく油断しきって、ハッチを開いたまま街道上を進んで来る。敵戦車が六〇メートルまで近づいたとき、クライウスは発射ペダルを踏んだ。

「グワン」

ティーガーの長く伸びた八・八センチ砲身から、必殺の弾丸が撃ち出された。

この距離では外すわけもない。弾丸は砲塔基部を貫いた。戦車は黒煙を上げて道路脇に擱座し、乗っていた歩兵は蜘蛛《くも》の子を散らすように逃げ去った。残りのT34は、何が起こったかわからず、パニックで右往左往するばかりだった。あるものは急旋回しようとし、またあるものは隣の車とぶつかりあって、街道上は大混乱となった。

「徹甲弾、フォイエル！」

カリウスは冷静に目標をとらえ、一両ずつ処分していった。敵はまったく反撃することができなかった。街道上には一〇両のT34が黒煙を上げて燃え上がっていた。逃げのびることができたのは、たった二両だけだった。一対一二の戦いで敵一〇両を食い、こちらの損害なし。カリウスの完全勝利であった。カリウスは敵の反撃を警戒したが、敵は二度とやって来なかった。

夕方になりカリウスは、スヒェリヒニクワへ配置変えになる。代わって対空砲部隊が警戒任務についた。二日後、カリウスはもとの配置に戻り、もう一両のティーガーも加わった。第三中隊のディトマール曹長の車体だ。配置についていくらもたたぬうちにソ連戦車がやってきた。全部で五両のT34。彼らは高地だけを警戒しており、砲塔を右に向けていた。

彼らは対空砲だけを気にして、ティーガーには気がついていないようだった。T34は強引に街道の突破をはかった。走りながら発砲するが、まったく当たりそうにない。ティーガー二両に対空砲部隊の「アハト・アハト」がうなる。たちまちT34は破壊され、街道上には五本の黒煙が立ちのぼった。三両がティーガー、二両が対空砲の戦果だった。

ネーヴェリ周辺でのティーガーの戦いはつづいた。ドイツ軍の必死の反撃にもかかわらず、の「パイプライン」を作って、兵力と資材をつぎつぎと送り込んでいた。放っておけば侵入ネーヴェリ周辺の裂け目は塞がらなかった。各所で侵入したソ連軍は、あちこちに細い秘密したソ連軍は太りつづけて、やがては包囲しているドイツ軍を圧倒し、逆に包囲することになる。

一一月一〇日にはティーガーは、そんな「パイプライン」のひとつを切断しようと、プガーチッツァへと出動した。カリウスらは高地林地帯を抜けて突進した。カリウスはそこで、ドイツ軍の八・八センチ対戦車砲二門が、まったく無傷で放置されているのを発見した。ソ連軍の攻撃に浮足立った対戦車砲兵が、戦いもせず砲を破壊することもせず逃げ出したのだ。カリウスは敵がこの砲を「ティーガー」に向けて「試し撃ち」をしないよう、破壊することにした。さらに突進したところ、一台のティーガーが被弾し炎上、放棄された。

打ちつづくもぐら叩き

一一月一六日にはフラピノ、一七日にはワスコボ付近での戦闘がつづいた。セルゲーシュボ近くで四両のT34が撃破された。一一月二三日には、ひとつの事故が起こった。その原因はティーガーを理解しない、ひとりの将校の無謀な命令だった。四両のティーガーは、この日もいつものように「臨時雇い」で前線へと出動した。彼らはやがて一本の木橋の前で停車した。その橋はとてもティーガーが渡れるような代物ではなかった。

ティーガーの乗員たちがちゅうちょしていると、くだんの将校はティーガーにただちに橋を渡れと命令したのである。一両目のティーガーはなんとか向こう側に渡ることができた。しかし、二両目のティーガーが橋を渡り終えようとしたまさにそのとき、橋は大きくたわみ、ティーガーは後部を下に川床へと転落していった。ティーガーは何日か後に回収されたものの、砲手は死亡した。

一二月二日、カリウスはゴルシュカに出動した。例によって「パイプライン」のひとつをつぶすのだ。まるでもぐら叩きのようだ。

「ガーン、ガーン」

「カン、カン」

弾丸が戦車の装甲板を叩く。ソ連軍は対戦車砲、対戦車銃、迫撃砲と、あらゆる火力を集中した。随伴する歩兵は遮蔽物から頭を出すことすらできない。ソ連軍は見晴らしの良い高地に、対戦車砲や迫撃砲を据え付けて頑張っていた。ティーガーが攻撃しようにも、そこまではとても渡れないような橋につづく小道を通っていかなければならなかった。しかし、工兵隊の大尉は橋は無理だが、その右側でなら川を渡れると言い張った。彼はカリウスを「臆病者、弱虫」とののしってまで、無理やりティーガーを前進させた。

カリウスは慎重にティーガーを進ませたが、結果は彼が予想したとおりだった。

「ずぶずぶずぶ」ティーガーの車体はもがけばもがくほど、泥の中へと沈んでいった。工兵隊の大尉殿はこっそりと姿を消した。カリウスは僚車のツヴェティにワイヤーで引っ張りあげるよう頼んだ。幸運にもソ連軍の邪魔は入らず、戦車はふたたび動けるようになった。

カリウスは作業を手伝うため、砲手とともに車外へと飛び降りた。

ドイツ兵から恐れられたソ連軍の地上攻撃機シュトルモビク

「ドカーン」

その刹那、迫撃砲が爆発し、その破片でカリウスは頭部を負傷した。しかし、ツヴェティに応急処置をしてもらって、カリウスは配置にとどまった。熟練と幸運の助けを借りて、カリウスとツヴェティは、地雷原をバックで脱出することができた。

攻撃はつづけられた。ツヴェティは地雷原を守っていた二門の対戦車砲を撃破した。しかし、ソ連兵はひるまずに対戦車銃で、ティーガーの視察口という視察口すべてを狙い撃つ。歩兵が追従してこないかぎり、これ以上の攻撃は無理だ。しかし、歩兵は雨あられと降り注ぐ敵弾で、頭を上げることもできない。

そうこうするうちに、カリウスのティーガーのラジエーターがやられて、冷却水が漏れ出しているのがみつかった。こんなところで動けなくなったら、修理も回収も不可能である。一刻の猶予もなかった。エンジンが焼き付かないうちに、後退するよりほかなかった。攻撃は失敗に終わった。

カリウスらの超人的努力にもかかわらず、ネーヴェリでのソ連軍の圧力は強まるばかりであった。一二月一二日、ソ連軍はロヴェッツ〜ヴィデブスク間の幹線道路で新たな攻勢を開始した。そして一六日には、第四次ネーヴェリ防衛戦が開始された。ソ連軍は物量にものを言わせて、第二九〇歩兵師団の陣地を猛烈な砲撃で叩いた。さらに爆撃機の編隊と多数の戦車に支援された総攻撃が開始された。

カリウスはヴィデブスク、ネーヴェリ間のロヴェッツにおいて敵戦車数両を破壊したが、なんとこのときカリウス車は、攻撃して来た敵機を主砲で撃ち落とすという珍事を巻き起こしている。

ソ連軍の地上攻撃機は、陸戦では無敵のティーガーにとっても、つねに頭の痛い敵だった。彼らはつねにふらふらと頭上を飛び回り、獲物を見つけては襲いかかった。ティーガーといえども彼らを前にしては、よろよろと逃げ惑うしかなかった。

カリウスたちは、ここでも地上攻撃機には苛立たされていた。そんなときカリウスの砲手クラーマー伍長は、敵の地上攻撃機がつねに同じルートを通って攻撃を仕掛けることに気が付いた。クラーマーは、この敵に一発食らわしてやろうと考えた。彼はしっかり見きわめた敵機の襲来ルートに主砲を向けた。カリウスがクラーマーに敵機の接近を告げる。一秒、二秒……クラーマーはチャンスと見て主砲の引き金をひいた。

「グワッ」

砲口からは火の玉となった、八・八センチ砲弾が飛び出す。外れた。もう一発。

「ヒューン」

するすると延びた火箭は、まっすぐ敵機の機体へと吸い込まれた。なんと命中である。翼を撃ち抜かれた敵機は、ふらふらとティーガーIの後方はるかに飛び去って墜落した。ティーガーIの主砲は、さすが元対空砲と言うべきか。もちろん本来の対空砲はこんな撃ち方はしない。これはあくまでもまぐれ当たりであろう。しかし、これもカリウス、そしてティーガーの伝説のひとつとなったのである。

217

ソ連軍の総攻撃開始さる

しかし、カリウスの奮闘も戦局を変えることはできなかった。もはやネーヴェリ奪回の望みは無かった。それどころか、ソ連軍はさらに大きな攻勢を準備していた。ロシア南部ではソ連軍が優勢なのに、ここレニングラードでは、ドイツ軍がまだ居座ったままだ。スターリンのいらだちは高まるばかりだった。スターリンは、レニングラードおよびボルホフ戦線全体での総攻撃を開始させた。

ソ連軍の攻撃の兆候に気づいたドイツ軍は、第五〇二重戦車大隊を北方に戻すことにした。切り札は彼らしかいない。一二月末から一月はじめにかけて、大隊の移動準備が進められた。しかし、実際に部隊が到着する前の一月一四日、ソ連軍の総攻撃は開始された。

ソ連軍はレニングラードと、その西のオラニエンバウムの橋頭保から出撃した。目標はロプシャ、ここでレニングラードとオラニエンバウムから出撃した部隊が手を結び、ドイツ軍を包囲しようというのである。ソ連軍はこの攻撃に、戦車および自走砲一四七五両、各種火砲二万一六〇〇門、カチューシャロケット発射機一五〇〇基、対空砲六〇〇門、航空機一五〇〇機、兵員一二四万一〇〇〇名を投入した。

ソ連軍の攻撃はドイツ軍の予想をはるかに上回る規模であった。二日間の攻撃でドイツ軍戦線は突破され、ロプシャは陥ちた。このとき大隊はどうしていたか。彼らはまだネーヴ

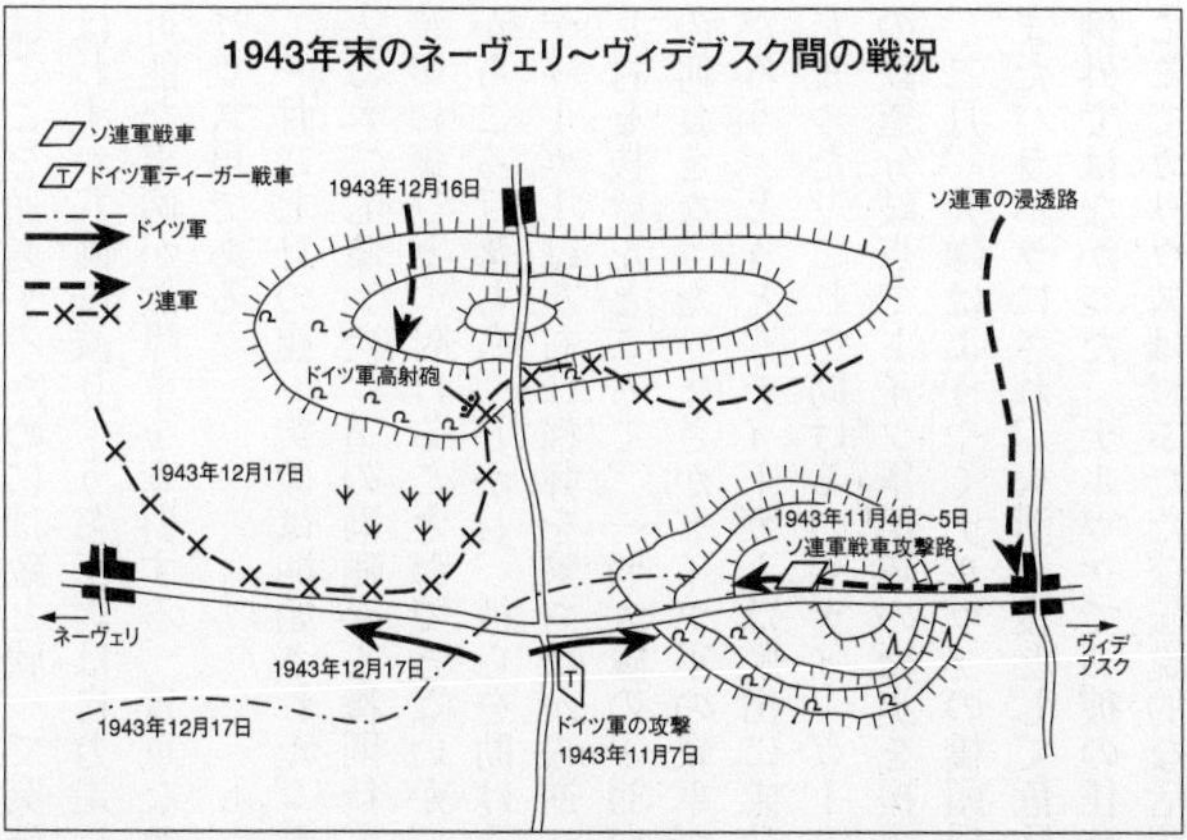

エリでソ連軍と格闘していた。しかし、いまやそれどころではない。一八日、北方軍集団は大隊をガチャヒニアの重要な鉄道分岐点に投入した。二〇日に大隊の先頭車両が到着したが、時すでに遅かった。

敵戦車の奔流は止めることができなかった。スコウォリッツィ交差点では、マイヤー少尉の第三中隊による激しい防衛戦闘が行なわれたが、中隊は包囲され多数のティーガーを失った。大隊の残存部隊はヴォホノヴォとシャスケレヴォで防衛戦闘にあたり、敵多数を撃破した。しかし、最終的に敗走する他のドイツ軍部隊と一緒に、ガチャヒニア～ウォロソウォ～ナルヴァにつづく街道を通って後退するしかなかった。

ここでもティーガーは、重要な役割を果たした。もっとも困難な後衛を努めるという割に合わない役割を。そして、それをやってのけた！　しかし、ウォロソウォでは敵のほうが一歩早かった。大隊はここを通過するためには敵と戦って突破しなければならなかったのだ。そのうえ大隊戦力はわずか八両に減り、うち三両は自力走行ができない故障車に過ぎなかったのだ。自力走行可能な車両が故障車を牽引する。貴重なティーガーを失うわけにはいかないのだ。先頭はカリウス車である。

一月二七日の夜、突破は開始された。最初は敵に気づかれなかったが、やがてドイツ戦車とばれてしまった。道の両側から機関銃、対戦車銃弾が雨あられと降り注ぐ。ティーガーの装甲に傷ひとつ付けることはできないが、同乗する歩兵にはたまらない。悲鳴をあげて車体からころげ落ちる。しかし、彼らを助けることはできない。停止することなど問題外なのだ。ティーガーは左右に榴弾を撃ちながら進んだ。

村を抜けたところで、一個大隊のT34が現われたが、敵は一発も撃つ暇もなくティーガーの餌食となった。まさかドイツ軍の戦車が後方から突破してくるなんて考えもしなかったのだろう。とうとうティーガーは脱出に成功したが、町の北で他の部隊がソ連軍につかまってしまった。これを助けるのもティーガーの役割である。ティーガーは、さらにウォロソウォの鉄道分岐点でドイツ軍部隊の撤退を援護して踏ん張り抜いた。

二月、大隊はようやくナルヴァの橋頭保に入ることができた。生き残ったティーガーは、またバラバラにされ、火消し役として危険戦区の防衛に投入されることになる。カリウスも例外ではなかった。ナルヴァでの彼の任務は、やはり最も危険な橋頭保での防衛であった。ここでカリウスは、ふたたび伝説的な活躍をするが、それはまたつぎの機会に譲ろう。

　こうして九〇〇日におよぶレニングラード包囲戦は完全に終わりを告げた。ともかくドイツ北方軍集団は新たな防衛線パンターラインに入ることに成功し、なんとか戦線を安定させることができたのである。戦闘はつづいてはいたが、ソ連軍のつぎの大攻勢まではまだ数ヵ月の猶予があった。

第3章　レニングラード西方の新たなる戦線

レニングラードを解放したソ連軍は西方へ鉾先を向け、ナルヴァの橋頭堡に立てこもるドイツ軍を圧迫した。もはや一歩もひけない土壇場に追いこまれたドイツ軍だったが、ここでも歴戦の虎、第五〇二重戦車大隊の大活躍がはじまった！

一九四四年二月～三月　ナルヴァの戦い

構築された新たなる戦線

一九四四年一月一四日、開始されたソ連軍の総攻撃によって、長らくレニングラードを取り巻いたまま膠着していた、ドイツ北方軍集団の戦線は大きく後退することになった。レニングラードの解囲に成功した、ソ連レニングラード、ヴォルホフ方面軍は、死に物狂いの抵抗をつづけるドイツ軍を追い散らしながら、南に、そして西へと進んだ。

一月末には、オラニエンバウムから出撃した第二打撃軍とレニングラードから出撃した第四二軍は、コトリィからギンゼナップ、そしてルガ川に迫り、ムガーからチュードボにわたる戦線から出撃した、第八、第五四軍はグリャージノ、スルーディツァ、フェドズィーノに

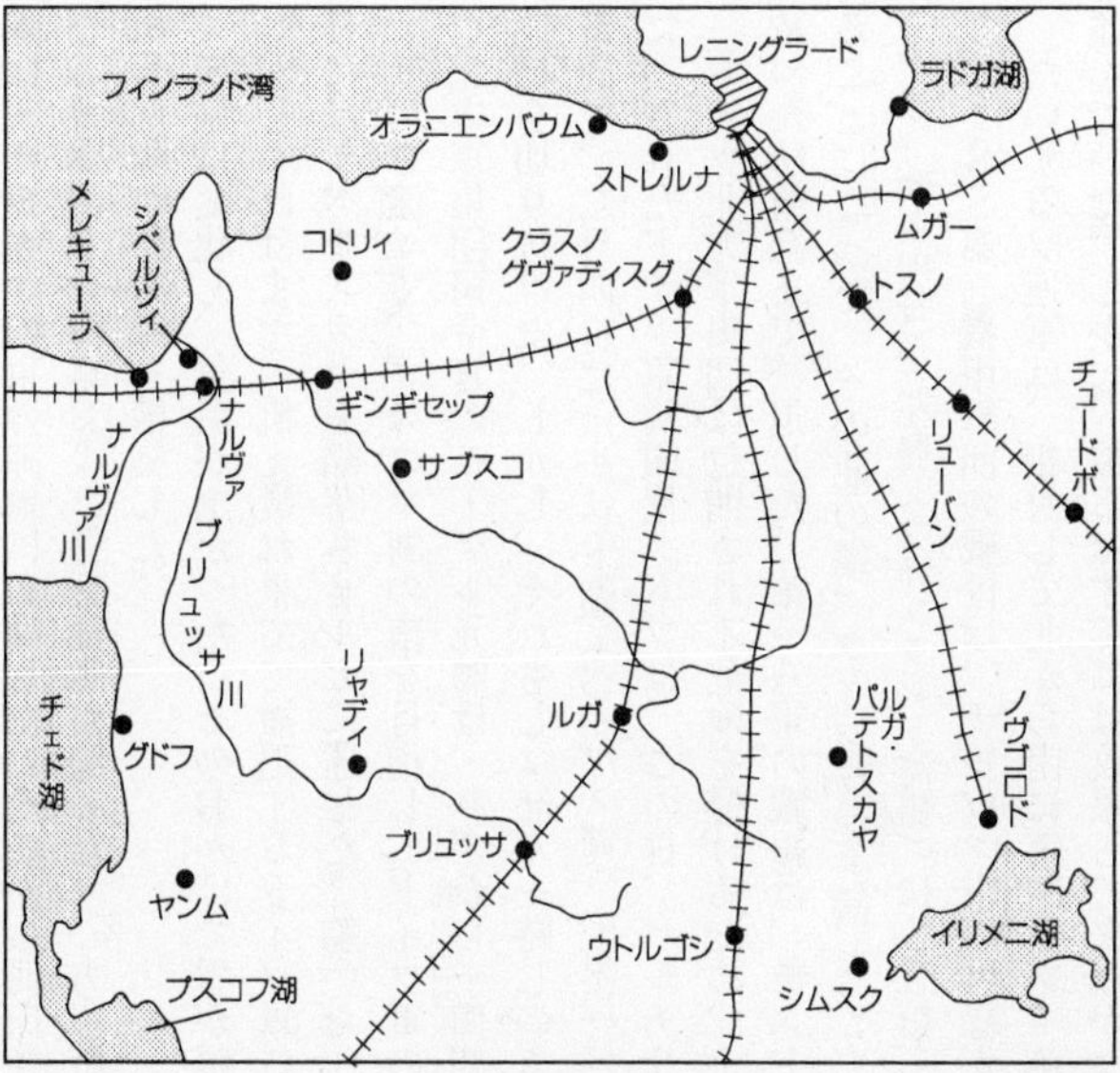

達した。そして、一月二五日にノヴゴロドを解放した第五九軍はイリメニ湖の北西を西進し、ルガ・パテトスカヤでルガ川に達し、ロンナでレニングラード〜ヴィデブスク鉄道を切断した。

第一八軍の北翼を守るSS第三機甲軍団は、ナルヴァに撤退して防衛陣地を強化することにした。時間を稼ぐために、SS第一一機甲擲弾兵師団「ノルトラント」と第一〇空軍野戦師団——数日後には、SS第四機甲擲弾兵旅団「ネーダーラント」が加わる——はギンゼナップ周辺に陣を張り、しばしソ連軍の前進を足止めした。

軍団は一月二六日には、ナルヴァ橋頭堡に入った。二個のSS部隊は、ナルヴァの東の陣地に布陣した。そこから河口までの河岸は、第二二七歩兵師団からなる戦闘団と、海軍および警備部隊が固めた。一方、町の南では、警察大隊とノルウェー義勇兵部隊が防衛線を構築した。

天候は変化し、気温が上がった。そのおかげで雪が解けて、ソ連軍戦車の進撃を妨げた。しかしこれはまた、飢え疲れ果てて撤退するドイツ軍にも厄災となった。ソ連軍は一月三〇日にはシベルスカヤを陥落させルガに達した。驚いたことに彼らは翌日には凍結したブリュッサ川を渡って、プスコフ湖の南を目指し、ドイツ軍の退路を断とうとした。

北方軍集団司令官のモーデル元帥は、みずから予備部隊をかき集めて防戦にあたり、この危機を切り抜けた。しかし、それもしょせん一時しのぎでしかなかった。ソ連軍の兵力は圧倒的で、二月四日にはチェド湖（ペイプス湖）の東岸は完全にソ連軍のものとなった。最後に残されたドイツ軍橋頭堡グドフは、この日、パルチザン部隊によって陥落させられた。

ドイツ北方軍集団は包囲される危険を避けるため、ナルヴァ川、チェド湖、プスコフ湖に依った防衛線まで後退した。第一八軍の戦線は、チェド湖、プスコフ湖の南北端に構築されることになった。その北の端、フィンランド湾とプスコフ湖の間には、右翼に第二六軍団（グラッサー中将）、左翼（フィンランド湾側）にSS第三機甲軍団（シュタイナーSS大将）が並ぶ。SS第三機甲軍団の戦区は、ナルヴァ市の外縁が南端となっていた。

たいするソ連軍は、相対して北から南に第四七軍、第二打撃軍、そして第八軍の三個軍が並んでいた。しかし、彼らはすぐには攻撃して来なかった。ソ連軍も攻勢開始以来の急進撃で、損害が累積し、補給品が欠如したため、補給と休息が必要だったのだ。つづく数週間にわたって両軍は、ナルヴァ川に沿ってペイプス湖からフィンランド湾までの短い戦線の両岸に防衛陣地線を構築して睨み合うことになった。

戦線はふたたび膠着したものの、ソ連軍は攻撃の手を緩めるつもりはなかった。大攻勢とは言えないものの、小競り合い、というには大きすぎる戦い、ナルヴァの戦いが開始されたのは二月半ばのことであった。

戦端を開いたのはソ連第八軍であった。彼らは、ナルヴァの南東クリバソボの近くで、ナルヴァ川を渡った。付近にいたのは第二二七歩兵師団の警戒部隊と、疲れ果てた第一七〇歩兵師団だけであった。

弱体なドイツ軍防衛陣地はすぐに制圧された。ソ連軍は巨大な橋頭堡を確保することに成功し、バイバラ近郊で鉄道線路に迫った。SS第三機甲軍団は、すべてを敵にぶつけるしかなかった。新たに編成された「フェルトヘルンハレ」機甲擲弾兵師団、第六一歩兵師団の残余、総統護衛大隊の戦闘団。これらの部隊からなる反撃部隊は、列車でバイバラ駅に直接送られると、そのまま戦場に送り込まれた。

最高司令部は、第二一四歩兵師団をノルウェーから移動させることにした。しかしこの師団——しかもほとんど戦闘経験がない——が到着するには時間がかかる。それまでSS第三機甲軍団は、手持ちの兵力でまかなうしかなかった。手持ちの兵力？　そうだ、彼らには貴重な予備兵力があった。それこそが、歴戦の虎の子、第五〇二重戦車大隊であった！

開始されたナルヴァの戦い

二月、ナルヴァの橋頭保に入った大隊は、新しい戦線となったフンゲルブルクとナルヴァ川の中間戦区に列車で移動した。二月一〇日には大隊の稼働戦車は二三両しかなかった。幸い一二日にはドイツ本国から新品の戦車一三両が補充要員とともに、メレキューラに届いた。これらの戦車は大隊本部に一両と、各中隊に四両ずつ割り当てられた。

隊の保有するティーガーの数は五四両に増えた。これは一大戦力だ。しかし、ここナルヴァの戦線では、彼らをまとめて打撃兵力として使用する余裕はなかった。例によって大ティーガーはバラバラにされ、数個師団に分散して配備されることになった。ティーガーのエース、オットー・カリウス少尉の率いる第二中隊のティーガーは、SS第一一機甲擲弾兵師団「ノルトランド」に派遣された。

カリウスはSS第一一機甲擲弾兵師団「ノルトランド」師団長のフォン・ショルツSS少将のもとに出頭した。師団長は、ドイツ軍主戦線のすぐ後方の農家の脇に指揮車を止めてカリウスを待っていた。師団長はカリウスにシュナップスを勧めると言った。

「さあ、よき協力者のために乾杯しよう」

乾杯の後、師団長は戦況を説明した。

「われわれの任務は味方の攻撃のためにに陣地をととのえることだ。現在、敵は微弱な兵力にすぎないが、これを強化させてはならない。いまのうちに戦線を拡張しておくのだ」

「ヤボール！」

カリウスはみずからの任務を理解した。攻撃、これまでの意気消沈させられる防御戦闘ではなく、攻撃なのである。

戦線はナルヴァ川両岸に広がる市街地を確保して、そこから北に向かい、そこから西に折れて川を渡って、川の西岸を河口までつづいていた。そう、つまりナルヴァ市街だけが、ドイツ軍がナルヴァ川東岸に確保した、貴重な橋頭堡なのである。カリウスはナルヴァの東側地区に彼らの戦車を持っていった。しかし、戦況は彼らの予定とは違うかたちに進展した。

「ズーン、ズーン」

「ズドドドド」

突然、ナルヴァは、ソ連軍の激しい砲撃に見舞われた。ドイツ軍が攻撃するどころか、逆にソ連軍の攻撃が開始されたのである。ソ連軍の砲火は、ナルヴァ川にかかる唯一の橋を狙っていた。この橋が落ちればドイツ軍の退路は断たれる。橋はカリウスらの見ている前で、命中弾を受けて川の中に崩れ落ちた。

カリウスはすぐに師団長のショルツSS中将に後退の許可を求めた。貴重なティーガーをあたら無駄に失うわけにはいかない。中将は移動を許可した。

しかし、カリウスが艀に乗って西岸に後退すると、そこに猛烈なスピードでキューベルワーゲンが突進して来た。乗っていたのはなんと、北方軍集団司令官のモーデル元帥その人で

雪をかぶって宿営地で出撃のときを待つ第502重戦車大隊のティーガー。ソ連軍の攻勢にさらされるドイツ軍の救世主となって戦う

あった。

「貴官には敵戦車を一歩たりとも入れさせぬ責任があるではないか！　ティーガーが一発も撃たずに退くとは何事だ！　砲は敵の方に向けよ！」

元帥はカリウスを頭ごなしにどなりつけると、一切の反論のひまをあたえなかった。カリウスは不承不承、川の東岸に戻るしかなかった。

東岸に戻ったカリウスは、最前線に進出すると、敵歩兵を蹴散らし、対戦車砲四門を撃ち取った。これによって、まがりなりにも戦線を安定させることができた。カリウスはふたたび願い出ると、ようやく後退命令を受け取ることができた。

二月一四日午前五時、大隊に警報が飛んだ。夜半に一二隻の小艇に乗った五〇〇名のソ連軍決死隊が、半ば凍った海を越えてドイツ軍戦線後方のメレキューラの海岸に上陸したというのだ。ドイツ軍戦線の後方から襲いかかり、シベルツィで味方と握手しようというのだ。志願兵からなる決死隊には女性兵士もふくまれていた。

彼らは第二二七歩兵師団の薄っぺらい戦線を突破すると、師団司令部を包囲した。司令部を救出しなければならない。第五〇二重戦車大隊に出撃命令が下った。ティーガー三両にSS擲弾兵三〇名をもって北西に突進し、敵包囲陣に進出せよというものであった。大隊長のイェーデ少佐みずからが、戦車に飛び乗ると出撃した。

「乗車！　海岸に向かえ！」

ティーガーは全速力で駆けつけると、敵の陣地に真っ正面から立ち向かった。

「榴弾！　フォイエル！」

ティーガーは、主砲と機関銃を撃ちまくりながら敵陣に躍り込む。いかな決死の覚悟でも、重装備を欠く上陸部隊には、ティーガーに抗する手段とてあるはずもない。包囲網は粉砕され、ティーガーは歩兵師団司令部に到達し、大歓声で迎えられた。一一時には、上陸した敵部隊はその半数が撃ち取られ、残りは捕虜となった。

ソ連軍橋頭堡をつぶせ

ひとつの危機は去ったものの、ナルヴァでは危機の種には困らなかった。ナルヴァが失われればエストニアが失われる。そのことは独ソ両軍が理解していた。二月二三日、ソ連第八軍は、こんどはナルヴァ川北のクリゲ沼沢地を渡って、橋頭堡を確保することに成功した。彼らはワイワラ付近で鉄道線路を切断した。つづいてソ連軍は、レムビッツとアウエーレ付近でも橋頭堡を築いた。

ソ連軍の橋頭堡ほどやっかいなものはない。一度とりついたら、彼らは死ぬまで陣地にしがみつく。もし放っておけば、小さな橋頭堡は日々拡大をつづけ、いつの間にか巨大な出撃陣地に変貌することだろう。ドイツ軍はクリワッソーの橋頭堡を「ヴェストザック／西の袋」、レムビッツ～アウエーレの橋頭堡を「オストザック／東の袋」と呼んだ。ふたつの橋頭堡に挟まれた狭い高地「長靴」、そこをドイツ軍が確保していた。

危機迫る戦線を支えるため、例によって第五〇二重戦車大隊のティーガーに出撃命令が下った。二四日、第二中隊の六両のティーガーが派遣されることになった。ゲアリング上級曹長が指揮する四両は西の袋に、カリウスとケルシャー曹長が乗った二両は東の袋に向かった。東の袋のソ連軍最前線は、鉄道築堤の向こう側にあった。ソ連軍は土手の向こう側に、横穴を掘って住みついていた。そこならドイツ軍の砲火から守られるからだ。

平地に一本の線となって低く盛り上がった鉄道築堤は、両軍にとって越えることのできない一線であった。ここを越えようとすれば、周囲から丸見えで集中砲火を浴びる結果となる。そのうえ周辺には「黒い土地」と呼ばれるひどい泥炭地が点々と広がり、そこは戦車は通れない。唯一戦車の通れる場所は、線路上の一本の道路が通る踏み切りだけだった。

踏み切りを通ってこちら側に走る道沿いの三つの農家を、ドイツ軍第六一歩兵師団ハーゼ連隊は拠点としていた。三個中隊の歩兵——といっても実数は一個中隊にも満たなかった——が、そこを守っていた。ドイツ軍はどこでも人手不足だった。そして対戦車砲も無かった。しかし、歩兵たちは驚くほど戦闘意欲が旺盛で、必死で農家を防御拠点に改造していた。

レニングラード戦線に投入された第502重戦車大隊のティーガー

「長靴」から北へ延びる田舎道が鉄道線路を越えてモイサ村へと走っていた。そこから八〇〇メートルほど行くとちょっとした丘があり、そこには孤児院があったことから、キンダーハイムの丘と呼ばれていた。連隊本部はこの丘の背後にあった。すべての陣地は仮のもので、塹壕で結ばれてはいなかった。広々と開けた土地で視界を阻むものは何もなく、ソ連軍に妨害されずに増援部隊を送り込むことは不可能だった。

このためこの戦場では、カリウスとケルシャーの二両の虎は、まさに最後の頼みの綱であった。カリウスは入念に地形を調べた。カリウスが陣地を見せてくれというと、歩兵たちはびっくりした。彼らを守るためには、彼らがどんな状況にあるか知らなければならない。カリウスにとっては当然のことだった。カリウスは最前線の農家の後ろに陣を張った。

こうしてカリウスらの戦車の中での暮らしがはじまった。まさかそれが何日もつづくことになるとは考えもせずに……。厳寒下の戦車の中は冷蔵庫のようだった。彼らは火気厳禁の戦車の中に、大型の石油ランプを持ち込んだ。彼らはそれをぼうぼうに燃やして暖をとった。戦車の中は煤《すす》だらけになった。

食事をとるのも、もちろん戦車の中だった。古参下士官のビールマンは、命懸けでキンダーハイムからコーヒーを運んでくれた。キューベルワーゲンで、ソ連軍の迫撃砲火を犯して！

「君はこんなつまらん食物のために前線で命を賭けたんだぞ！　気でも狂ったのかね？」

カリウスがこう言うと、ビールマンは答えた。

「もし、少尉殿がここで何も召し上がれないなら、わたしらだって食事を楽しめなくなりますよ！」

水は手に入らなかった。井戸はすっかり凍結していた。シャワーどころか、暖かいお湯で顔を洗うこともできない。歯磨きすらも不可能だった。顔も体も、煤と埃、垢や脂で真っ黒になっていったが良い点もあった。あまりに汚なすぎて、シラミすら嫌気がさしたというのだ！　しかし、こうしたことはたいして重要な問題ではなかった。彼らは夜間にほんの数時間も眠られれば、それだけで十分幸せだったのだから……。

一進一退「東の袋」の戦闘

ソ連軍は何度も鉄道築堤を越えて、攻撃しようと試みた。その結果、カリウスとソ連軍の対決は日課となった。その戦いはこんなぐあいである。戦車の出番は昼である。カリウスは夜が明けると、鉄道築堤の前に出動する。双眼鏡を凝視したカリウスは、線路脇に突き出した何かを発見した。対戦車砲だ。土手に取り付いたソ連軍が、密かにドイツ軍戦線に攻撃を仕掛けようとしているのだ。

「榴弾！　フォイエル！」

対戦車砲は吹き飛び、こうしてソ連軍の試みは潰《つい》える。しかし、こんどはカリウスが狙われる番である。ソ連軍は激しい砲撃で、虎を追い回す。

「引き上げるぞ。穴に気をつけろ」

カリウスは一仕事を終えると、最大速度で逃げ出した。

「ズーン、ズーン」

カリウスの後を追っかけて砲弾が落下し、「黒い土地」のあちこちに巨大なクレーターを穿《うが》った。

夜、戦場は歩兵に任される。カリウスらは、食事やティーガーの補給と整備に懸命にあたる。しかし、夜も静かではなかった。ソ連軍は夜な夜な爆撃機を繰り出しては、ドイツ軍陣地を爆撃した。最初に現われるのは、誘導機である。彼女は戦場上空に大量の照明弾を撒き散らす。それから爆撃機群が現われて、街道の両側に爆弾を投下した。

ソ連軍は赤やピンクの照明弾を打ち上げ、あるいは星形の丸太の杭に火をつけて、友軍爆撃機に示した。カリウスは、すぐに爆撃から逃れる方法を学び取った。それは誘導機が現われたら、西に向かって走り、「長靴」の胴に移動することである。そこはソ連軍の「東西の袋」に挟まれているため、友軍への誤爆を恐れて、ソ連軍の空襲を受ける心配が無かったからだ。

さらには「夜の魔女」の嫌がらせ爆撃も加えられた。「夜の魔女」、そう「あひる」とも「ミシン」とも呼ばれたおもちゃのような複葉機のPo-2である。本当の魔女——そう、ソ連軍にはそれこそ魔女飛行隊と呼ばれた女性飛行士の部隊があった——が乗っていたのかどうかはわからない。

彼女らは手でつかめそうなくらいの低空に現われて、爆弾だけでなく手榴弾や地雷までもを落としていった。爆撃ではティーガーそのものに損害はなかったが、運悪く車外に出ていた隊員は巻き添えにあって戦死傷した。

ソ連軍はドイツ軍の最後の防御陣地を排除しようとして、焼夷弾による砲撃を加えた。

「ドカーン、ドカーン」

「バリバリバリ」

ドイツ軍歩兵が拠点にしていた農家は、燃え上がり廃墟となってしまった。しかし、歩兵たちはこの拠点にこもりつづけた。エストニアの農家の土台は石造りで、これでも弾除けぐらいにはなったのである。戦場には昼も夜も安全なところはなかった。

カリウスのティーガーは、歩兵を可能なかぎり支援すべく献身的に働いた。歩兵部隊の無線機が故障すれば、代わりの無線機を運んだ。負傷兵を後送したり、補給物資の輸送にもあたった。月明かりの中、危険を犯して野戦食をまで運んだのである。その間、もし貴重なティーガーが失われでもしたら。しかし、これはたんなる戦友愛では無かった。歩兵にとってティーガーが頼もしい兄貴であるとともに、ティーガーにとっても歩兵は欠くことのできない相棒だったのである。

二月二五日、二六日、二七日、二八日、カリウスとケルシャーは繰り返し鉄道築堤に向かい、そして敵を撃ち取った。さらに二九日、三月一日、二日、三日、ほんの少しの間の火消しのはずが、カリウスは東の袋にすっかり住み着くはめになってしまった。増援はなかった。交替もなかった。それどころではない。戦線はどこもかしこも綻《ほころ》びだらけだったのだ。

カリウスはすっかりこの戦区の有名人となった。それは味方のドイツ軍だけでなく、敵のソ連軍にさえも。ソ連軍の宣伝放送はがなりたてた。

「殺し屋カリウスを引き渡せば、三〇人の捕虜を釈放する」

そして、カリウスの部下には、

「君たちを無理やり戦わせている〝警察犬〟の牙を抜け」と。

しかし、こんなたわごとに耳を貸すドイツ兵など一人もいなかった。彼らは好きなだけがならせた後、拡声器を木っ端みじんに粉砕した。

やがて敵は「東の袋」の背後に戦車を送り込んだ。これは敵の攻撃準備の兆候である。カリウスは心配して増援を求めた。しかし、どこにも余分の兵力はなかった。それどころか三月一五日には、第五〇二重戦車大隊第一、第三中隊は、ブレスカウ地区に移動させられてしまったのである。そこでもソ連軍の攻撃が切迫していたのだ。残された第二中隊、そして残されたカリウスらは、彼らだけでなんとかしなければならなかった……。

第４章　エストニアに刻まれたティーガーの活躍

シュトラハヴィッツ作戦の結果、ナルヴァのドイツ軍を悩ませつづけた「東西の袋」は除去された。しかし、それはドイツ軍にとって、つかの間の勝利でしかなかった！

一九四四年三月～四月　ナルヴァの戦いの終焉

終わらないカリウスの戦い

嵐の前の静けさと言うべきか。戦線には大きな動きは無かった。しかし、ソ連軍の嫌がらせはつづけられた。

「シュポ、シュポ」

ソ連軍の迫撃砲の砲撃。

「ズボーン」

「ズボーン」

ティーガーのまわりに弾着。迫撃砲弾は雪中に黒い染みをつける。

「前進！」

カリウスは初弾が発射されるとすぐに回避行動をとり、直撃を受けずにすんだ。

しかし、被害を免れることはできなかった。飛び散る破片はティーガーの無防備のエンジンデッキの換気口から入り込み、ラジエーターを傷つけたのである。中隊員から連絡が入った。

「少尉殿、ラジエーターから水が漏れてます」

さすがに放置しておくことはできない。幸いにして二両のティーガーが、修理廠から戻って来ていた。

三月一六日朝、カリウスとケルシャーは、ツヴェッティ上級曹長の率いる二両のティーガーと交替して、東の袋を離れることができた。いったいぜんたいここに来てから何日たったことか。これでふろに入り思う存分寝られるはずだ。前進補給所に到着すると、中隊員は髭ぼうぼうのカリウスの顔を見分けられない有り様だった。しかし、彼らはカリウスらのためにサウナの準備をして、暖かく迎えてくれた。

ふろからあがると、カリウスは中隊長のフォン・シラーのもとへと出頭した。しかし、カリウスにとって、ナルヴァの戦いはまだまだ終わってはいなかった。交替した二両はすぐに被弾して後退するはめに陥ったのだ。彼らは東の袋の苛酷な戦場で、カリウスの教えた注意を守らなかったのだ。休暇は終わり。

カリウスは、乗車の修理状況の確認に行った。ドイツ軍の修理部隊の優秀さは有名だが、ここの整備小隊はまた折り紙つきだった。小隊長のデールツァイト特務曹長は、カリウスのティーガーを夜半までには直すと約束してくれた。夕刻、カリウスはフォン・シラーと、一時間をかけて上等なウイスキーのボトルを空けた。カリウスは中隊長の許可を得て横になった。

　彼は午前四時には出発するつもりだった。しかし、ケルシャーにせかされて彼が目を覚ましたのは、五時すぎだった。あんなにちゃんと歩哨に頼んだのに、カリウスは大声で罵声を浴びせると、彼のティーガーへと急いだ。すでに乗員は全員準備をととのえて待ち構えていた。

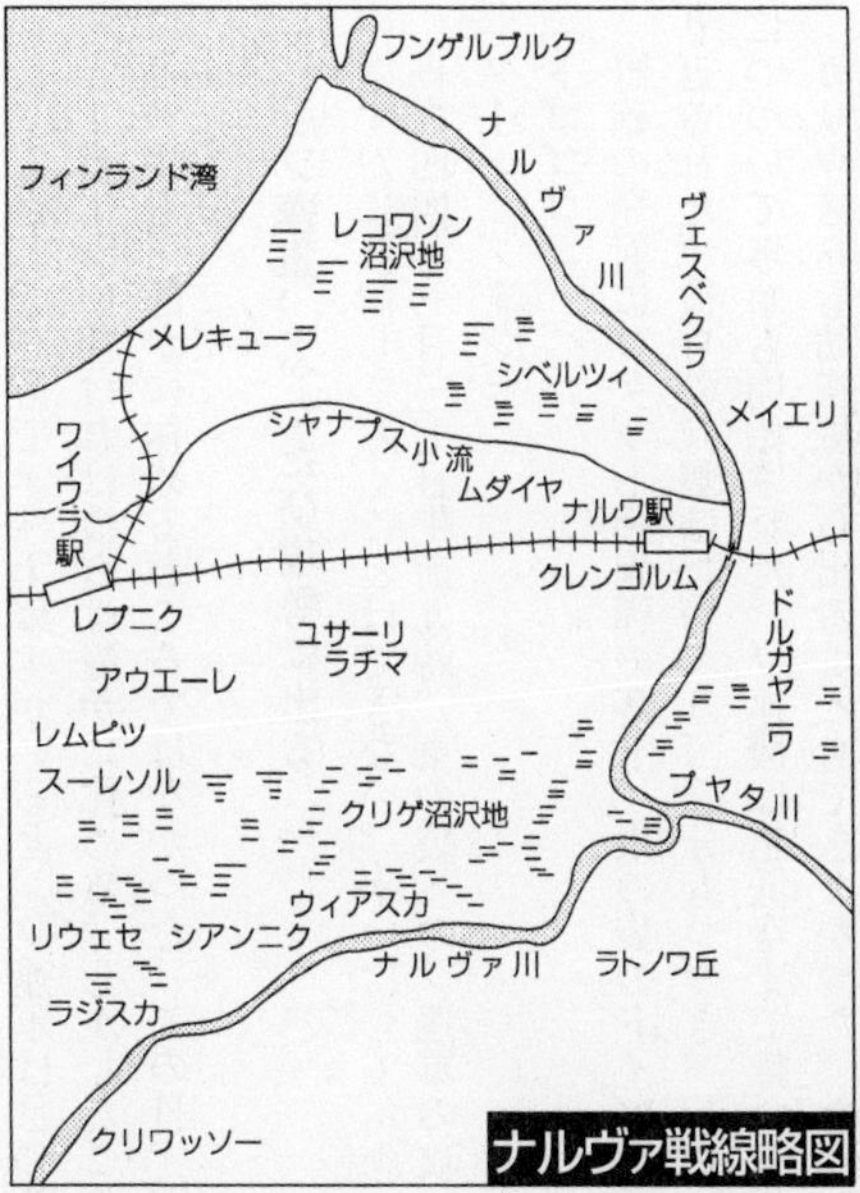

ナルヴァ戦線略図

「出発！」

　ふたたびカリウスは、東の袋へと向かった。

　七時少しすぎに、カリウスは慣れ親しんだ東の袋に戻った。ツヴェッティと代わって位置につく。歩兵部隊との連絡をとる。大隊長は前線は平穏だと話した。前線の歩兵たちは複雑だった。ティーガーは彼らの守り神であった。しかし、一方でティーガーがいると、ソ連軍は目の敵にしてやたらと撃ちまくるのだ。ティーガーがいなければ彼らは静かに休める。しかし、この日はティーガーにとっても歩兵にとっても、静かに休めるどころではなかった。この日、彼らを待ち構えていたものは……。

ソ連軍、ふたたび攻勢に出る

一九四四年三月一七日午前九時、東の袋へのソ連軍の攻撃が開始された。

「ズーン、ズーン」

「ドゴゴゴゴ」

野砲の発射にロケット弾砲弾の落下、東の袋のドイツ軍戦線は、ソ連軍の激しい砲撃で掘り返された。彼らの砲撃はたっぷり三〇分もつづき、しだいに北へと移動していった。砲撃につづいて爆撃も開始された。ソ連機は超低空まで舞い降りて爆弾をばらまいた。

カリウスらも防空壕から出ることもできなかった。なんとか隙をみて愛車へと飛び込む。ティーガーは激しい砲爆撃で吹き上げられた泥に埋まったが、幸い損害はなかった。カリウスは泥を落とすと、ティーガーにエンジンをかけた。

「クウクウクウ」

スターターは弱々しく回る。

「ボボボボボボ」

やっとエンジンがかかった。連隊本部と無線連絡を試みるが、どうしても通じない。状況がわからない以上、動くわけにはいかない。

すでに薄っぺらい第六一歩兵師団の戦線は、ずたずたになっていた。生き残った兵士は、パニックを起こして逃げ出した。一〇時少し前、カリウスは前哨の歩兵が後方へと走り去るのを見た。それにつづいてハーフトラックに牽かれた三七ミリ対空機関砲が通り過ぎ、さらに数十人の武器を失った歩兵がつづいた。彼らはカリウスらのティーガーに振り向きさえしなかった。

「おい、止まれ！　お前はどこの部隊だ」

カリウスは逃げ惑う歩兵をひっつかまえると問いただした。なんてことだ。東の袋は空っぽなのだ。もはや一刻の猶予もない。放っておけば、強力なソ連軍部隊は北上して、ドイツ軍のナルヴァ橋頭堡に突進するのは明白だった。カリウスは決断した。

「前進！　持ち場に行くぞ」

ティーガーを前進させる。

「ケルシャー、土手の上を見張れ、Ｐａｋ（対戦車砲）がいるぞ」

すでにソ連軍は動きはじめていた。

しかしカリウスに幸いしたのは、ソ連軍の進撃路がたったひとつしかないことだった。そうソ連軍戦車は、湿地帯に通じるたった一本の道路を、ひとつながりになって、前進するしかなかったのだ。先頭の戦車は、たちまち軟弱な地面に足を取られて擱座した。ソ連軍戦車

「じゃまものをひきずり出せ、通れた奴は突進しろ！」

最初のT34が、踏み切りを越えてドイツ軍戦線に踊りだしたのは、カリウスの出撃とほとんど同時であった。

戦場に到達したカリウスの眼前に広がった光景は、恐るべきものであった。抜け出した先頭のT34はすでに八〇〇メートル先を全速力で幹線道路へ向かっていた。その後からぞろぞろ歩く歩兵の大群、そして、その後を遅れて踏み切りを渡ったT34五両がゆっくりとした速度で前進しており、土手の向こうにも蠢《うごめ》くT34が見えた。そして、鉄道築堤にはPak五門がくつわを並べてこちらを狙っていた。

味方はカリウスとケルシャーの二両のティーガーのみ。どうする。迷っているひまはない。やるしかない。

「ケルシャー、Pakからやるぞ」

カリウスは無線で指示をした。「ガーン」その刹那、敵対戦車砲に被弾。

「三〇メートル下がれ」

カリウスは冷静に操縦手に命令する。動きつづけて敵の射弾をかわす。

「榴弾！　フォイエル！」

一方、ティーガーの射弾を浴びたPakは、つぎつぎ吹き飛んでいった。

突然、全速力でT34が突っ込んで来た。先行したT34がとって返して来たのだ。

ナルヴァで攻撃をかけてきたソ連軍のＫＶ-１戦車。Ｔ34とともに主力となった

「ケルシャー！」

アハト・アハトがうなり、敵Ｔ34は至近距離で撃ち取られた。残るは正面のＴ34五両。彼らはまったく撃ってこなかった。彼らはどこから撃たれているのかわからなかったのだろう。距離は七〇〇メートル。この距離では外しっこない。たちまち五両はたいまつとなって燃え上がった。残りの戦車は撤退した。

しかし、これで終わりではなかった。正午過ぎ、三〇分の準備砲撃の後、ソ連軍の第二次攻撃が開始された。カリウスは砲撃の中、踏み切りから三〇〇メートルの位置にとどまり敵を待ち伏せた。

「来た！　ＫＶ-１だ！」

先頭はＫＶ-１、その後をＴ34がつづく。

「踏み切りをわたらせてからやろう」

「ケルシャー、偶数番を頼む」

二両の虎はたちまち、ＫＶ-１一両とＴ34五両を撃破し、ロシア歩兵は回れ右して撤退した。

カリウスを悩ませたのは、ソ連軍だけではなかった。ドイツ軍は敵の攻撃で、前方の砲兵観測員は失われ、さらにカリウスらが守る防御拠点は、すでに敵の手に落ちたと思い込んでいたのだ。このためカリウスは、ソ連軍と戦っている間も、味方の阻止砲火を浴びつづけねばならなかったのである。

それでもカリウスは、最前線に踏みとどまりつづけた。午後三時一五分、敵の第三次攻撃。これも撃退。その後ようやく増援の虎一両が加わった。午後四時一五分、敵の第四次攻撃。T34三両を撃破し、これも撃退された。前線はふたたび静かになった。

虎と地ネズミの戦い

しかし、そこにはもう彼らのティーガーしかいなかった。拠点にはもはや歩兵の姿は無かった。この報告に師団は反応しなかった。彼らは前線の実情をただしく把握していなかったようだ。しかたなくカリウスは、自分でキンダーハイムに赴くことにした。なんとか歩兵を駆り集めて、防衛線を固めようとしたのだ。

しかし、その夜、カリウスが歩兵を連れてくると、すでにソ連軍はドイツ軍が拠点に使っていた農家の跡を占拠していた。なんとかしなければいけない。これを放置すれば、ドイツ軍側の鉄道土手は、横合いからのソ連軍の射撃にさらされてしまう。これでは防衛線は崩壊したも同然だ。

カリウスの働きで、とりあえず廃墟1はかき集めた一〇名の歩兵で確保された。ティーガーは一両が廃墟1の背後に留まる。一方、カリウスのティーガーは敵肉攻兵の攻撃を恐れて二〇〇メートルほど後ろに停車した。ソ連軍はこの夜はそれ以上は攻撃して来なかった。こちらの反撃の番である。

午前五時、ドイツ軍の攻撃は開始された。乏しい兵力の中から、一六名！　の兵が選り抜かれた。カリウスとケルシャーのティーガーに、それぞれ八名ずつがつづく。グルーバーのティーガーの役目は、攻撃中、ソ連兵を釘付けにすることである。

「フォイエル！」

三両のティーガーは、廃墟2に集中砲火を浴びせた。暗闇の中、砲撃を受けた廃墟は明々と燃え上がった。

「ブロロロロロロ」

ティーガーは八名の歩兵とともに廃墟へと突進する。

「フラー！」

奪われた拠点は奪回された。しかし、ドイツ軍側に近い廃墟1、2は奪回できたものの、一番外れの廃墟3はソ連の手中のままだった。ソ連軍はここを強力に防御していた。なんとソ連軍は、夜の間に対戦車砲五門、野砲二門、さらに対空砲までもを引きずりこんでいたのである！

ここでも一度取り付いたロシア兵を追い出すことが、いかに困難なことであるかは証明された。もしロシア兵は一時間もあれば、とくに夜間は蟻のように火器を運び込み、地ネズミのように地下に潜り込むのである。虎がいかに追い立てようとしても、地ネズミはなんとしても崩れ落ちた地下室にしがみついて逃げ出そうとしなかった。

ソ連軍は拠点を守るために、二両のT34までも繰り出して来た。戦車には歩兵も付き従う。カリウスはたちまち歩兵を撃退し、戦車もやっつけた。しかし、カリウスたちも無事ではすまなかった。ソ連軍は彼らの頭上に、大口径野砲弾と重迫撃砲弾をたっぷりとお見舞いしたのである。戦車は無事だったが、歩兵は二名が戦死し二名が負傷した。

たった四名でこの拠点を奪うことなど不可能に決まっている。それでも歩兵を率いていた少尉は、喚声を挙げて突撃し、敵弾を受けて戦死した。ティーガーは負傷者を収容し、後退するよりなかった。

このちっぱけな拠点をめぐる戦闘は、これで終わりとはならず何日もつづく壮絶なものとなった。一八日正午すぎ、こんどはソ連軍の攻撃が開始された。一五分の砲撃につづき、戦車と歩兵の一団が来襲した。しかし、ふたたびカリウスが迎撃した。ソ連軍はT34二両、T60一両を失い撤退した。

ソ連軍の攻撃はつづいた。こんどは彼らは、「東の袋」と「西の袋」の間のドイツ軍突出部「長靴」を狙って来た。一九日昼ごろ、迫撃砲の準備砲撃につづき、ソ連軍の戦車と歩兵は「東の袋」から西へと押し寄せた。カリウスはT34六両、T60一両、Pak一門を破壊したが、ソ連軍は突出部に浸透していった。

しかし、カリウスはここだけにかかわりあってるわけにはいかなかったのだ。鉄道の土手の北方から、四両の自走砲が踏切の方向へと進出したというのである。さらに二両のT34が踏切に現われた。駆けつけたカリウスらは、たちどころにこの戦車をやっつけると、南にとって返した。

そこでは「長靴」を奪回するための攻撃が発起されようとしていたのである。攻撃はキンダーハイムから「長靴」へとまっすぐつづく道に沿っておこなわれた。午後六時、連隊長のハーゼ少佐が先頭を切って敵陣へと突入した。ティーガーにとっては、ここはやっかいな戦場だった。ここでは道以外は「黒い土地」の湿地帯で、ティーガーは道路から外れることはできなかったからである。ティーガーは歩兵の突撃を、後方からの射撃で支援することしかできなかった。それでも彼らはここで二両のT34を破壊した。

二〇日、払暁、ソ連軍は中隊規模の兵力で、ふたたび廃墟2を攻撃して来た。一時間の激闘の後に撃退。しかし、正午近くにも攻撃。これも撃退。ソ連軍は二両の戦車と四五ミリ対戦車砲一門を失った。二一日、ふたたび廃墟2への攻撃。敵は午前三時という異例の時間に攻撃して来た。これではティーガーは十分に力を発揮できない。

ついに廃墟2は奪い返されてしまった。しかし、ソ連軍に奪われればドイツ軍が奪い返す。カリウスのティーガーと一〇名の歩兵によって、二時間後にはドイツ軍のものになった。たった二時間のあいだに、ソ連軍は二門のラッチェ・バムを引きずりこんでいたのは驚きだった。しかし、これも二時間後にソ連軍に奪い返された。日が暮れないうちに反撃して、廃墟

2はドイツ軍の手に戻った。

二二日、ふたたびソ連軍の攻撃。これも撃退する。ついにソ連軍は息切れした。これが最後の攻撃となった。ようやくカリウスはジラーメへ帰還することができたのである。三月一七日以来の戦闘で、カリウスの戦隊は、戦車三八両、突撃砲四両、火砲一七門を破壊する大戦果をあげた。そして何より彼らは、戦線を守り抜きソ連軍への突破を許さなかった。

発動、シュトラハヴィッツ作戦

ドイツ軍指導部は、これまでの防戦の成功にもかかわらず、戦力を再興した敵は、すぐに攻撃を再開すると考えた。敵に先んじて橋頭堡を除去するしかない。こうして長らく独ソ両軍の血をすすりつづけた「東西の袋」を粉砕する作戦は開始された。作戦の指揮官には、北方軍集団では最も有名な戦車部隊指揮官、グラーフ・シュトラハヴィッツ大佐が任命された。シュトラハヴィッツは、グロースドイチェラント機甲擲弾兵師団の幕僚と、少数の戦車と装甲兵員輸送車を引き連れてナルヴァに進出した。最初に手がつけられたのは、「西の袋」であった。作戦は「西の袋」の西側からドイツ軍の保持する「長靴」の靴底に向かって西から東へと発動された。

三月二九日、作戦は奇襲に頼っておこなわれることになった。Ⅳ号戦車と歩兵の突撃班は、ソ連軍の戦線を突破するとしゃにむに前進する。ここでのティーガーの役割は、遠距離からの火力支援であった。使える道路が幅も狭く重さに堪えられなかったからだ。不幸にもスツーカの誤爆により、戦車の行動は制約される結果となった。しかし、歩兵は戦車の支援がないにもかかわらず、使命を貫徹した。夕方、「西の袋」は包囲され、翌日には残った敵は殲滅された。

残った「東の袋」は、そう簡単にはいきそうになかった。もはや奇襲には頼れない。ソ連軍はドイツ軍の攻撃を予想して待ち構えているはずだ。シュトラハヴィッツはとんでもない作戦を立てた。彼は「東の袋」をなんと正面から攻撃しようというのだ。今回の攻撃ではティーガーが主役となった。

四月六日朝、「東の袋」にたいする攻撃は開始された。袋のまわりを半円に取り巻いて並べられた、多数の二センチ、三・七センチ対空機関砲、八・八センチ対空砲が一斉に火蓋を切る。

「ズダダダダダ」

「ヒューンヒューン」

「ドワン、ドワン」

さらに重榴弾砲、ロケット砲の砲撃も開始された。

彼らはソ連軍の人的被害を増すため、榴弾に油脂焼夷弾をたたき込んだ。砲撃の効果は劇的だった。袋の中は魔女の鍋のように沸き返った。

砲撃の支援の下で、ティーガーは全速力で踏み切りに向かって突進した。ケルシャー曹長、

第502重戦車大隊のティーガーは、押し寄せるソ連軍を食い止め戦いつづけた

カリウス少尉、ツヴェッティ上級曹長、そしてグルバース軍曹車の四両。瞬く間に踏み切りを越える。心配された地雷は敷設されていなかった。ソ連兵にとって、この攻撃は奇襲となった。

ティーガーが「東の袋」に突入すると、彼らはシャツとパンツのまま、呆然と突っ立っているソ連兵に出くわした。ティーガーはたちまち目標地点に到達した。そこからはこれまでソ連軍が掩蔽壕として使用していた、鉄道線路土手の裏側が丸見えだった。砲兵はやっきになって対戦車砲の向きを変えようとしていたが、ティーガーは瞬く間にその七門を破壊した。

しかし、皮肉なことに作戦があまりに早く進捗したために、彼らは友軍の射撃を受けるはめになってしまった。砲兵観測員は敵陣後方にあった黒い影を、てっきりソ連軍の戦車と思い込んでしまったのである。カリウスは必死で無線連絡をするが、友軍の砲撃は止まない。しかたなく、カリウスは砲兵観測所に一発撃ち込んで黙らせた。

同士討ちは避けられたものの、カリウスらがこうして注意をそらされた間に、ソ連軍の対戦車砲がひそかに忍び寄っていた。

「グワン」

まずカリウス車が一発くらい、さらにグルバース車は転輪を破壊された。グルバース車への二発目は装甲板を貫徹し、装填手が負傷した。この間に他のティーガーが反撃し、対戦車砲は破壊された。

残るソ連兵を顧慮することなく、ティーガーは前進をつづけた。夜半、袋の未占領部に残っていたソ連軍部隊は脱出し、「東の袋」もドイツ軍のものとなった。

四月一九日、クリワッソーに残る最後の敵橋頭堡を切除する、第三次シュトラハヴィッツ作戦が発動された。この作戦は不首尾に終わり、有終の美は飾れなかった。しかし、これらの攻撃によりドイツ軍のナルヴァの戦線は保持され、この後、長く頑としてソ連軍の突破を拒否しつづけることになるのである。

第5章　解放された西部ウクライナの工業都市

膠着状態にあった南部ドニエプル川下流域の戦闘は、冬の訪れとともにソ連軍の攻勢が開始され、西部ウクライナの工業中心地キロヴォグラードをめざしたが、ドイツ軍も必死だった！

一九四四年一月五日〜一〇日　キロヴォグラードの戦い

目標はキロヴォグラード

一九四三年の終わり、東部戦線南部ドニエプル川下流域の戦闘は、冬を前にした泥濘《でいねい》のため、両軍ともに行動を停止して膠着状態におちいっていた。しかし、これはまさに嵐の前の静けさであった。

待ちに待った一二月の寒気により、ついに地面はかたく凍りついた。これによってふたたび軍の行動は再開された。攻撃を開始したのはどちらの側か、これはもちろんいうまでもない。ソ連軍の側であった。

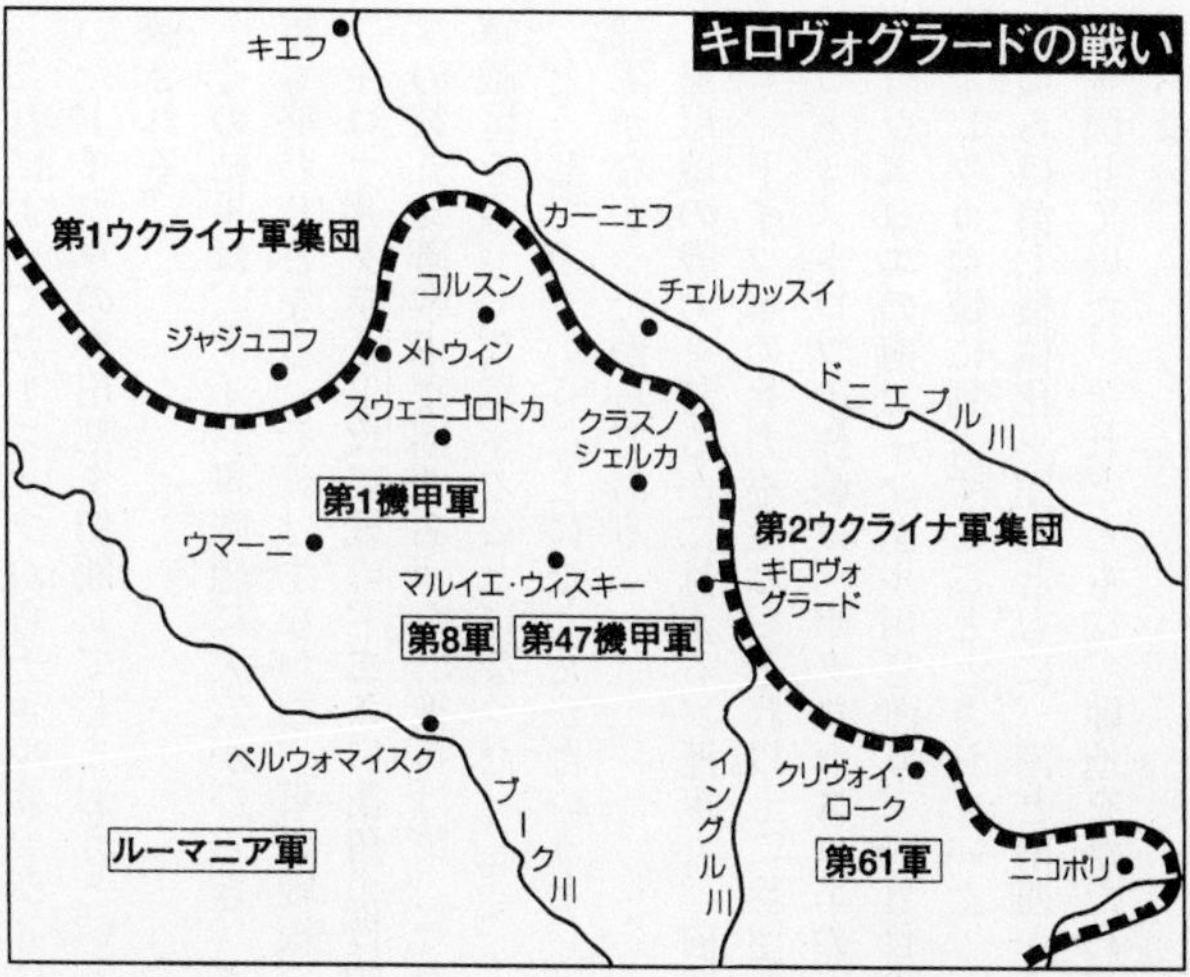

秋の泥濘期の前までクリヴォイ・ローク の攻撃にあたっていたロトミストロフの第五親衛戦車軍団は、進行方向を北にかえて進撃を再開した。一二月九日、クリヴォイ・ロークの北三五キロのジュナメンカが占領された。戦車軍団の新たな目標は、キロヴォグラードであった。

ソ連軍は西部ウクライナの工業中心地キロヴォグラードの占領とともに、そのドニエプル川西岸の橋頭堡をウクライナ領内深く拡大することを狙っていた。もちろん彼らの真の狙いは、それだけではなかった。

彼らはキロヴォグラードを突破して、ブーク川までつっ走るつもりであった。これと呼応してバトゥーチンの第一ウクライナ方面軍がキエフ南方から南に出撃して、やはりブーク川をめざし、両者はベルウォマイスクで握手するのだ。

これによってカーニェフからチェルカッシィにわたって、まだドニエプル川西岸に達していたドイツ軍の突出部を切断してしまおうというのだ。そうすればドイツ第八軍は包囲、殲滅される。

その結果は、ドイツ軍戦線に大穴がひらき、さらにはその南の第六軍、クリミアの第一七軍も終わりとなる。それはすなわち、東部戦線ドイツ軍南翼の崩壊であった。

キロヴォグラード攻略戦の、まさに衝角の役割りをになったのが、ふたたびロトミストロフの第五親衛戦車軍団であった。彼らは第二ウクライナ方面軍の機動部隊として、第七親衛軍戦区を通って攻撃することになった。

どうしてそういうことになったかというと、第七親衛軍は狙撃兵の軍であり、支援の戦車部隊がなかったからである。

無尽蔵の戦力を誇るかに見えるソ連軍も、前線兵力の不足はドイツ軍と同じだった。もっとも、ドイツ軍の兵力不足は、それ以上に絶望的だったのだが……。

ロトミストロフの作戦は、ポクロウスコエの方向をめざすことになっていた。そして、ポクロウスコエの南でイングル川を渡り、一日目の終わりにはベズヴォドナヤ、フェドロフカ、ユーレフカ地域に到着することとされていた。

彼らは第七機械化軍団とともに、南と南西からキロヴォグラードを包囲し、占領することを企図していた。それとともに、陣地をかためてドイツ軍予備部隊の前進をも防がなければならない。

ヒトラーは、例によってキロヴォグラードに固執していた。彼にとってドイツ軍の突出部は、反撃のための貴重な策源地であった。たしかに二年前ならそうだったかもしれない。いや、半年前であっても可能性はあった。しかし、いまやドイツ軍にそんな戦力はありはしない。

もうひとつ、彼の頭をとらえていたのは、例によって戦争経済だった。工業中心地のキロヴォグラードを手放すなど論外である。

ヒトラーの考えにも一理はある。ただし、彼には「こうしたい」と「こうできる」の区別がついていなかった。

願望することは徒手空拳でもできる。しかし、実行するためには、そのための戦力が必要だった。彼にはそれがわかっていなかった。

ヒトラーのこだわりは、ここでもドイツ軍部隊に悲劇をもたらす。いや、ここでは、すんでのところで最大の悲劇は防がれた。その原因となったのは、ヒトラーの命令を無視した経験ある現場指揮官の機転と、まだ戦闘技量ではソ連軍に負けることのない、ドイツ軍部隊の断固たる戦いぶりであった。

そのドイツ軍はなにをしていたのか。同地区のドイツ軍部隊もまたロトミストロフ同様、同地の古強者であった。第一〇機甲擲弾兵師団、第一四機甲師団、グロースドイチュラント機甲擲弾兵師団、第二降下猟兵師団、SS第三機甲師団「トーテン・コプフ」、そして第三機甲師団である。

ドイツ軍陣地にむけて巨弾を送りこむソ連軍砲兵部隊の放列。攻勢開始に先がけてソ連軍は猛烈な砲撃をおこなって敵陣を破砕する

第三機甲師団の司令官をつとめるのは、名将バイエルライン将軍であった。フリッツ・バイエルライン将軍は、一八九九年にヴュルツブルクで生まれ、第一次世界大戦では第九ババリア歩兵連隊に所属して西部戦線で戦った経験をもつ。第二次世界大戦開戦時には、機甲部隊運用で卓越した手腕を誇ったグデーリアン将軍の作戦参謀をつとめ、グデーリアンとともにポーランド戦役、フランス戦役、ロシア戦役を戦いぬいた。

モスクワ侵攻作戦中の一九四一年一〇月に、アフリカにうつって、今度は砂漠のキツネとして有名な、やはり機甲部隊運用の名手ロンメル元帥の参謀長をつとめた。彼が帰国したのは、チュニジアでの不本意な敗北後のことであった。彼はふたたび東部戦線に派遣され、この戦いの二ヵ月半前に第三機甲師団長に任じられたのである。

　このため、彼はここ二年間の東部戦線の恐ろしい戦況には通じていなかった。そうであっても、これまでグデーリアン、ロンメルの二人の卓越した将軍の下につかえた経験は、なにものにも代えがたい重みがあった。

　その手腕は、この後のキロヴォグラードからの脱出作戦で遺憾なく発揮されることになるのである。もっとも、それはかなり皮肉なやり方ではあったが……。

はじまったソ連軍の攻撃

　一九四四年一月五日午前八時一〇分、ソ連軍の攻撃が開始された。攻撃はコーニェフ将軍の計画にしたがっておこなわれた。

　例によってソ連軍は多数の砲撃で攻勢をスタートさせた。砲撃はたっぷり五〇分間もつづき、ドイツ軍前線陣地を掘りおこした。準備砲撃のあと、攻撃部隊の前進が開始された。今回先鋒をつとめたのは、戦車ではなく歩兵部隊であった。

「ウラー、ウラー」

　雪原を埋めた白いかたまりが、いっせいにドイツ軍陣地に向かって走りだす。生きのこったドイツ軍の機関銃陣地が火を吹く。命中弾をうけた歩兵が、あちこちで倒れるが、その穴は後続の歩兵ですぐに埋められた。弾雨の中を突破したソ連兵は、陣地のドイツ兵に襲いかかると、野蛮なやり方で彼らを打ち倒した。

第五親衛軍と第五三軍は、すぐにドイツ軍防衛線の突破に成功したが、第七親衛軍は激しい抵抗に遭遇した。これは、不幸にして彼らの戦区には、十分な数の砲兵機材が配備されなかったことが原因であった。このため、歩兵たちはみずからの力をもってドイツ軍陣地を突破しなければならなかった。前線部隊指揮官は、声をかぎりに増援を求めた。

このため、温存されていたロトミストロフの戦車部隊は、戦闘開始後たった二時間で前線に投入されるはめとなった。しかも、ドイツ軍が待ちかまえている戦線に。

これは、あまり賢明なやり方ではなかった。準備不足と航空支援が得られなかったため、ロトミストロフの戦車部隊は、この日の夕方までにドイツ軍防衛線にたった四〜五キロほど侵入できたにすぎなかった。

コーニェフは、第五親衛軍戦区で達成された成果を有効に活用することにした。快速の戦車部隊は、好機をとらえて戦果の拡大にこそ利用されるべきなのだ。

まったくもってむだなことに、この日の攻撃で一コ戦車軍団は一三九両の戦車と自走砲をうしなった。すなわち六〇パーセントの戦力をうしなったことになる。

午後九時、彼はロトミストロフに第八機械化軍団をあたえるとともに、第五親衛軍の指揮下にはいり、翌朝八時にカザルナ地区から攻撃することを命令した。第五親衛軍は第七、第八機械化軍団、そしてロトミストロフの第五親衛戦車軍団をもって、キロヴォグラードを包囲するのだ。

一月六日朝、ソ連軍の攻撃は再開された。戦車と歩兵の突撃。うちつづく激しい攻撃に、ドイツ軍の戦線は突破された。ソ連戦車軍団はキロヴォグラードの南西をまわりこんでプラウニの方向に進撃をつづけた。

午後二時までには、戦車軍団はアドジャムケ川に沿ったドイツ軍の第二次防衛線も突破した。ロトミストロフは第二九戦車軍団の前線に進出して部隊の前進を督促した。第八機械化軍団は、すでにキロヴォグラード西方で成功をおさめつつあった。

ジューコフはこの成果を補強することを希望したが、コーニェフはちがう考えをもっていた。キロヴォグラードへの攻撃は歩兵部隊にまかせ、戦車部隊を戦果の拡大に使おうというのだ。

第一八戦車軍団はドイツ軍の撤退ルートを切断し、第五親衛戦車軍団の部隊をさらに西へ、ノヴォ・ウクラインクの方向へ進撃させることにした。

コーニェフの戦略は、もうすこしで成功するところだった。しかし、あと一歩のところで彼は大魚を逃すことになる。

それを失敗へとみちびいたのは、ドイツ軍の一人の経験ある将軍、バイエルラインの決断と断固たる行動であった。

名将バイエルライン将軍

「くそったれの情勢だ」

一月七日朝、装甲偵察車に乗って最前線まで進出したバイエルライン将軍は、眼前にひろがる光景に毒づいた。グデーリアンとロンメルに学んだバイエルラインは、いつも前線部隊のかたわらで指揮することを好んでいた。

一月五日のソ連軍大攻勢開始いらい、バイエルラインは足しげく前線に向かい、情勢を分析してきた。

ソ連軍はこれまで、何度もキロヴォグラードに攻撃をしかけてきたが、そのたびに撃退されてきた。今度は、ついにそれに決着をつけるつもりなのか。

報告によると、彼らはすでにキロヴォグラードをすりぬけて、市南部に進出しつつあるという。

昼一二時、レレコフカの戦闘指揮所にバイエルラインが戻ってきた。バイエルラインはハーフトラックから飛び降りると、数回体をたたいた。零下二〇度のなか、オープントップの装甲ハーフトラックに乗るのは快適なものではない。体はすっかり凍りついてしまった。

将軍なのだから、すくなくとも風雪をしのげる戦闘指揮所に座っていても、だれも文句は言わないのだが、それはバイエルラインの流儀ではなかった。

薄暗い農家のなかでは、作戦主任参謀のヴィルヘルム・フォス大佐が地図をひろげる。バイエルラインは地図に顔をよせると言った。

「ひどいことになるぞ、敵はキロヴォグラードの脇を通過中だ。西への補給路はすでに遮断

対岸に布陣するドイツ軍を攻撃するためキエフ近くで冬のドニエプル川を渡るソ連軍

された」

　敵はすでに隊列を組んで前進していた。延々とつづくトラックと馬車の列、それを戦車が護衛している。

「あんなのは、はじめて見たな」

「閣下、軍団との電話は通じません。無線もだめです」

　フォスは報告した。後方との連絡がとだえた。これはどういうことか。敵に包囲されてしまったということである。

「隣接師団は」

「おなじ偵察結果です。やはり軍団司令部とは連絡できません」

　間違いない。キロヴォグラードは包囲されたのだ。そのなかには、第三機甲師団だけでなく、第一四機甲師団、第一〇機甲擲弾兵師団、第三七六歩兵師団がいた。まるまる四コ師団が包囲されたのだ。

どうすればいい。ヒトラー総統は例によって、キロヴォグラードの死守を命じていた。どうもこうもない。軍人なら命令にしたがうだけ。スターリングラードでパウルスはそうした。その結果は第六軍の壊滅であった。

ロンメルから薫陶をうけたバイエルラインは、遠く離れた総統大本営のテーブルでだされた命令より、前線指揮官の意見の方が大事だという原則を学んでいた。彼は、こんなばかげた命令にしたがう気はなかった。

「脱出せねばならない」

キロヴォグラードはスターリングラードに似すぎている。補給はなく、蓄えも底をついている。燃料がなければ車両は動けず、弾薬がなければ戦うこともできない。死守などできるものではない。このままでは全滅を待つだけだ。

「こっちが主導権をとって、外部から作戦すれば、まだなにがしかの成果をあげられる」

そう、それこそが機甲部隊の戦い方である。

「そもそも機甲師団は機動戦のために作られたのであって、特定の場所を守るためではない」

バイエルラインにとって幸いだったのは、外部との連絡が不可能なことであった。連絡がとれない以上、みずから判断するしかないではないか。

他の師団の指揮官は、バイエルラインの独断専行についていくことはできなかった。彼らはもう長く東部戦線で戦っており、すっかりヒトラーのくびきにつながれていた。もっとも、これが職業軍人の正しい態度ではあったが……。

バイエルラインはかまわなかった。彼は彼だけで行動することにした。第一〇機甲擲弾兵師団のシュミット将軍は、第三機甲師団の防衛戦区をひきうけてくれた。昼食後、バイエルラインは部下の将校たちを集めると、彼の決断を告げた。

「われわれは今夜脱出する。わが身を救うためではない。行動の自由をとり戻すためである」

将校たちは彼の言わんとすることを即座に理解し、歓声がわきおこった。

各指揮官には、脱出のための作戦部署が命令された。命令はすべて師団長のバイエルラインがだした。これは最近ではないことだった。

最近では、ヒトラーはこまかい部隊の移動にも、いちいち口をだしたからである。バイエルラインは部隊を五つに分けた。A、B、C、D、Eの五コ戦闘団。先鋒となるA戦闘団は、残存の戦車すべてと装甲ハーフトラック中隊に工兵と自走砲である。B戦闘団は工兵、砲兵に第三機甲擲弾兵連隊でヴェルマン大佐が指揮する。

C戦闘団は補給部隊と牽引された故障車両、そして衛生隊が負傷者を連れていく。D戦闘団は第三九四機甲擲弾兵連隊で、指揮官はバウアーマン中佐である。殿《しんがり》のE戦闘団は、機甲偵察大隊ダイヘン少佐が指揮をとった。

側面援護の任にあたるのは、対戦車砲兵部隊と対空砲兵部隊である。部隊は順次前線をはずれてキロヴォグラード郊外のレレコフカに集合し、夕暮れ後に脱出する。

各指揮官は隷下部隊にいそいで戻ると、兵たちに伝達した。うちつづく防戦で意気消沈していた将校も兵も、はやり立った。これはただの脱出ではない、攻撃なのである。これこそが機甲部隊の戦いだ。

わがもの顔に暴れまわるソ連兵たちに、ひとあわ吹かせてやる。午後五時三〇分、脱出準備が完了した。軍団および軍司令部に通じない無線が飛ぶ。

「第三機甲師団は、北西に向かって包囲網を突破し、戦線の背後の亀裂を埋め、敵の背後から包囲された市にたいして作戦する」

こうしておいてから、バイエルラインは無線を封止した。これでたとえだれかが聞いたとしても、もう何の文句も聞こえない。すっかり暗くなっていた。月はなく、曇っていた。闇の下に真っ白な雪原が不気味にひろがっていた。

包囲網からの必死の脱出

「パンツァー、マールシュ！」

ひそやかに進撃命令がくだされた。戦車は楔型の隊形をとり、バイエルライン自身が軽装甲車に乗って先頭部隊を指揮した。

部隊は灯火をつけずに、できるだけ静かに、声をひそめて前進した。もちろん準備砲撃も何もなし。突破部隊は疲弊したたった一コの機甲師団である。どこからも支援は期待できない。奇襲効果に頼って、しゃにむに敵陣を突破するしかないのだ。

突如、敵陣に閃光が走った。敵に発見されたのだ。対戦車砲だ！　赤い火の玉が尾をひいて飛びだす。

弾丸は先頭の戦車に命中し、車体はたちまち燃えあがった。赤々と燃える炎は、雪原を煌々と照らし、後方に連なる隊列を、雪の中にぼんやりと浮かびあがらせた。

突然出現したドイツ軍部隊にドギモをぬかれたらしく、敵は狂ったように撃ってきた。曳光弾が雪原を縫う。しかし、ソ連軍の攻撃は効果的でなく、逆に自分たちの位置を暴露しただけだった。

ソ連軍の攻撃と同時に、戦車のハッチが閉じられた。反撃開始である。どうすべきか歴戦の兵士たちにはわかっていた。

「攻撃！」

敵陣に砲兵の射撃が指向される。炸裂した弾丸で対戦車砲がひっくりかえり、ソ連兵が吹き飛ばされた。

「パンツァー、フォー！」

戦車は主砲と機関銃を撃ちまくりながら前進した。戦車の後ろから、工兵と擲弾兵がつづく。

わずか数分で戦車はソ連軍の敵陣に到達すると、そこで停止した。戦車に代わって、工兵と擲弾兵が敵陣地に突入する。敵はたいした抵抗をみせずに、対戦車砲と対空砲をほうりだして、すぐに逃げだした。

どうやら彼らは、ドイツ軍が攻撃してくるとは思いもよらなかったらしい。すっかり安心しきっていたところにあらわれた第三機甲師団は、まるで幽霊のように見えた。彼らはたった一コ師団を、一コ軍団の全力での攻撃と勘ちがいしたのだ。

ソ連軍戦線にはパニックがひろがった。ソ連軍はドイツ軍を包囲するどころか、逃げまどう烏合の衆となった。バイエルラインの部隊は驚いたことに、夜明けにはソ連軍の包囲網の突破に成功した。その損害は、たった一両の戦車だけだった!

ロシア軍の包囲網は、実際には穴だらけだった。彼らの戦力も無尽蔵ではなかったのだ。

第三機甲師団は休む間もなく行動し、すぐにウラディミフカを占領すると、ドイツ軍戦線に開けられた大穴を閉塞することに成功した。さらに、南からはグロースドイチュラント機甲擲弾兵師団が進撃して、キロヴォグラード南部に到達した。

ドイツ軍の後方を荒らしまわっていたロトミストロフの戦車部隊は?　彼らは有名な対戦車キラー、ハンス・ルデルの急降下爆撃隊「インメルマン」につかまった。一両、一両と空の対戦車砲は、戦車を狩っていった。それでも残った戦車は、第四七機甲軍団の対戦車部隊が始末した。

彼らの仕事は、これで終わったわけではなかった。まだキロヴォグラードには、仲間の三コ師団(レレコフカ集団と呼ばれた)が死守命令にしばりつけられていたのだ。

彼らを救出しなければならない。最大の敵はヒトラーである。二四時間後、独裁者はしぶしぶ包囲された部隊に後退許可をあたえた。

レレコフカ集団は、一月九日から一〇日にかけて脱出作戦を発動した。その結果は、予想外にあっけないものだった。集団はたいした損害をこうむることもなく、イングル川を渡ってグルスコエ西部への後退に成功したのである。

集団はドイツ軍戦線に到達すると、その左翼を第三機甲師団、右翼をグロースドイチュラント機甲擲弾兵師団に接し、そのまま防衛線にくわわった。

こうしてキロヴォグラードの戦いは終わった。ソ連軍はドイツ軍を殲滅することに失敗した。彼らはドイツ軍戦線を一〇〇キロおし戻し、キロヴォグラードを解放したことで満足するしかなかった。

彼らはドネプロペトロフスクの西と北西に、良好な橋頭堡を確保することに成功した。ソ連軍はあきらめなかった。新たな、そしてはるかに大規模な包囲戦は、すぐにはじまるのである。

主翼下面に大口径機関砲を装備して対戦車戦闘に活躍したJu87G爆撃機

第6章　ドイツ軍南翼のカタストロフィー

キロヴォグラードを解放したソ連軍は、ドニエプル川に向かって突出するコルスン周辺に布陣するドイツ軍を一挙に撃破するため、北と東から大軍を投入して素早く包囲網を完成した!

一九四四年一月二五日~二八日　コルスン包囲戦―ソ連軍の攻勢

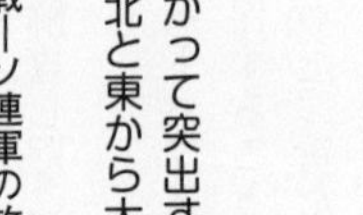

ソ連軍の新たな攻勢

一九四四年一月五日、開始されたソ連軍の大攻勢は、バイエルラインの第三機甲師団の機転に富んだ反撃で失敗におわった。

しかし、これはドイツ第八軍を殲滅するというソ連軍の戦略目標が失敗におわっただけのことで、けっしてドイツ軍の勝利などではありえなかった。それどころか、彼らはキロヴォグラードを解放し、新たな攻勢への橋頭堡とすることができたのである。

彼らはあきらめなかった。これまでのウマーニ~ペルウォマイスクを目指した戦略的包囲に代えて、今度はもっと小規模にカーニェフとコルスンの南東で、ドニエプル川に向かって突出したドイツ軍の戦線を切断しようと考えたのである。この突出部は奥行一〇〇キロ、弧

の長さは一三〇キロあり、面積は一万三〇〇〇平方キロもあった。これだけでも獲物としては十分だ。

この突出部を守っていたのは、シュテンマーマン大将の第一一軍団、リープ中将の第四二軍団で、兵力は六・五個師団、五万六〇〇〇名であった。ヒトラーは、キロヴォグラードの戦いの後になっても、まだこの突出部に固執していた。彼はいまだにこれを、ソ連軍への反撃の策源地にしようと夢想していたのだ。地図を見るだけなら、それもいかにももっともらしく思える。しかし、彼はドイツ軍の現状がまったくわかっていなかった。

地図上には軍団や師団を示すシンボルが無数に立っていたが、その意味するところはバルバロッサ作戦が開始された二年半前とは、いやそれどころかスターリングラード包囲戦当時の一年前とさえ大きく異なっていた。各部隊は、いまや人員も、装備、機材も大きく定数を欠いていた。そして、ドイツ軍部隊の背骨であったベテラン兵員の多くは、すでにヴァルハラに旅だっていたのである。

その穴は、新兵やこれまでなら戦闘部隊には不適格であった人員で埋められた。いや、それならまだいい。ぽっかりと大穴の開いたままの部隊も多かった。その結果、なんとも聞き慣れない部隊が多数あった。連隊の生き残りを集成した「連隊集団」、同じく寄せ集めの「師団集団」などという部隊、そして、やはり軍団へのなりそこねの「軍団支隊」。そんな有り様で何ができるというのか。夢想、そうヒトラーの夢想は、また新たなスターリングラードにも比すべき悲劇を生むのである。

今回、ソ連軍は素早く作戦を終わらせようと考えていた。というのも、一月終わりから二月半ばまでは、この地域の天候と地表条件は悪く、雨、雪により地面は泥沼となるため、作戦行動に向かなかったからである。この時期にどうにか作戦行動に適し、気温がプラス五度からマイナス五度の範囲に収まる日は、せいぜい五日ぐらいしかなかった。天候は機動を拒んだが、こんどの作戦にとっては機動こそが鍵であった。

コルスン包囲戦の主力となったのは、バトゥーチン上級大将の第一ウクライナ方面軍と、コーニェフ上級大将の第二ウクライナ方面軍であった。両者は戦車が主力の第六戦車軍（クラウチェンコ中将）を北から、第五親衛戦車軍（ロトミストロフ大将）を東から出撃させて、突出部のドイツ軍を挟み撃ちにするのだ。作戦開始は第一ウクライナ方面軍が一月二六日、第二ウクライナ方面軍は一月二五日と決められた。日程に合わせて大車輪の攻撃準備が開始

1月25日に攻撃を開始したロトミストロフ将軍の第5親衛戦車軍では戦車の数が極端に不足しており、突破作戦の主役は歩兵だった

された。

一月一六日、第五親衛戦車軍ロトミストロフは偵察から戻ると司令部に赴き、キロヴォグラードの北からバランディノに移動して部隊を再編成することを命じた。ロトミストロフはドイツ軍を欺き、彼の部隊が攻撃開始前に、機先を制してたたかれることを防ごうとした。この行動をドイツ軍から秘匿するため、移動は夜間のみ、旅団規模までに制限して行なわれた。戦車の騒音は砲撃によってごまかされた。

彼は実際の集結地域に代わる偽の集結地域まで作り上げた。工兵は急いで一二六両もの木製のダミーの戦車と三六門のやはり木製のダミーの火砲を作ったほどだ。第三一戦車旅団などはキロヴォグラードの集結地域に到着したふりをして、さかんに偽の通信を行なった。

ロトミストロフの策は少しは功を奏したのか、実際、ドイツ軍は偽の集結地域に欺かれ、そこを砲撃しさえした。しかし、ロトミストロフが恐れたように、ドイツ軍はソ連軍部隊の、攻撃意図に気がついていた。ただし、彼らにはソ連軍のやろうとしていたことの詳細まではわからなかった。

悪天候と地表状態の悪さを考慮して、ロトミストロフは集結地から前線までに、多数の進撃路を作らせた。彼らの作戦地域に工兵部隊はなんと四日間で、一三五キロもの良好な進撃路を構築したのである。さらに工兵は通常の道路四七五キロを修理し、二四ヵ所の橋を補強するか修理し、ドイツ軍の鉄条網に一八〇ヵ所もの通路を開いた。そして二万個もの地雷が処理された。

こうした準備の間にロトミストロフは入念にドイツ軍前線を偵察した。そして攻撃地点をバランディノの南に定めた。ここは対戦車壕や障害物で十分守られている地点であった。しかし、ロトミストロフはドイツ軍との長年の戦闘の経験から、彼らの戦術がわかっていた。こうして防備されている地点への配兵は少なく、彼らの第一撃で一掃してしまうことができるはずだ。そして、実際そうなった……。

ソ連軍の攻撃開始

一九四四年一月二五日午前六時、まずコーニェフの第二ウクライナ方面軍の攻撃が開始された。例によって彼らは、砲撃で攻勢をスタートさせた。

「ズーン、ズーン」

ソ連軍戦車部隊は、ドイツ軍戦線を突破して前進を開始した

「ドカーン、ドカーン」

「ドバババババ」

ドイツ軍の前線に砲弾が降り注ぐ。しかし、砲撃は激しかったが短切であった。今回、突破の主役となったのは、浸透戦術をとった第四親衛、第五三軍の狙撃兵であった。

じつは第五親衛戦車軍は、すっかり戦車不足に陥っていたのだ。この日、彼らが攻撃地域に展開できた機甲戦力は、わずかに戦車二一八両、自走砲一八両にすぎなかったのである。もっとも、それでもドイツ軍に比べれば圧倒的な戦力だったが……。この貴重な戦力は前線の突破にではなく、戦果の拡大に用いられるのだ。

こうして先鋒の役割を担った、狙撃兵攻撃大隊は準備砲撃にまぎれて素早く前進し、ドイツ軍陣地に襲いかかった。

「ダダダダダ」

砲撃が終わって頭を上げたドイツ兵たちは、塹壕に躍り込んだロシア兵に掃討された。奇襲によりドイツ軍戦線は突破され、部隊はすぐに二〜六キロの深さに侵入した。午後二時には攻撃するソ連軍狙撃兵部隊は、ほとんどドイツ軍の抵抗を粉砕することに成功した。

しかし、作戦は当初、コーニェフの用意した時刻表からは遅れていた。これらの防御陣地は朝遅くには粉砕されていなければならなかったのである。オシュトニジュカとヤムキの間に作られた間隙は、まだ戦車部隊を投入するには狭すぎたが、コーニェフは急がなければならなかった。

すでにドイツ軍の機甲師団が動き出していたことを、彼は知っていた。そして彼は、ライバルのバトゥーチンを出し抜かねばならなかった。コーニェフは、ロトミストロフの戦車部隊を投入することを決断した。クラシノシルカ近くに配置されていたロトミストロフの戦車軍から、第二〇、第二九戦車軍団が、コチャニフカの最前線に移動された。

「前進！　前進！　急げ」

こうして午後半ばにはロトミストロフの戦車部隊は、彼ら自身の突破を開始した。彼らは彼らのために用意されるはずだった狙撃兵部隊の突破口ができるのを待たず、ドイツ軍戦線へと襲いかかった。戦闘は激しさを増していった。

「グロロロロロロロ」

ソ連軍戦車は、この地域の戦場を覆っていた霧の中から姿を現わすと、怒濤のごとく前進を開始した。

ドイツ軍はこれらの戦車の前進を防ぐ、あるいは遅滞させようと頑張った。擲弾兵に砲兵と対戦車砲が集成された急造戦闘団が、あちこちに派遣された。彼らは断固として戦い、襲いかかる戦車を零距離射撃で葬った。しかし、ソ連軍の数の優位が物を言った。まるでダムが破られ大水が平原に殺到するような有り様だった。

ドイツ軍はソ連軍の奔流の前に立ちはだかる孤立した岩でしかなかった。ソ連戦車は損害にかまわず、西に向かって進みつづけた。午後にはロトミストロフの戦車軍の指揮所には、情報部門からドイツ軍の第二線陣地には消耗した二個歩兵師団しかいないこと、一方、第三、第一四機甲師団がカピタノフカとティシュコフカに急いでいることが知らされた。実際、彼らの一部はすでにこの日の午後から戦闘に加入していた。

「このまま前進をつづけるのだ」

ロトミストロフは、味方の狙撃兵部隊が追従しないことを気にせず、まっしぐらに前進しつづけることを決めた。速度がものを言うのだ。これぞかつてのドイツ軍ばりの電撃戦である。こうして夜までに戦車は、一〇数キロも前進することに成功した。午後八時になっても、カピタノフカの方向に攻撃する七〇~八〇両ものソ連戦車が報告された。

翌朝早く、ロトミストロフの戦車部隊は彼らの戦術的勝利を無駄にしないため、戦車部隊のみの前進を再開した。午前九時半、一〇〇両もの戦車、歩兵、そして砲兵からなる強力な部隊はカピタノフカから南西のズラトポルの方向へと前進し、また別の部隊はジェロフカでドイツ軍補給部隊に襲いかかっていた。突破は成功しつつあった。

ロトミストロフは第二〇戦車軍団の指揮所におもむき、攻撃開始を見守った。攻防の焦点となったのはカピタノフカだった。ドイツ軍第一一歩兵師団は必死で防戦し、第一四機甲師団も駆けつけていた。もっとも、その戦力は定数の半分でしかなかったのだが……。

それでもここでドイツ軍は、ふたたびその卓越した戦闘能力を示した。

「アハトゥンク、パンツァー!」

「フォイエル!」

対戦車砲が火を吹くと、一両のソ連戦車が煙りを上げて擱座した。しかし、多勢に無勢である。防衛線は突破され、午後までには先鋒の旅団はカピタノフカのドイツ軍防衛部隊を押しやり、ティシコバに到達した。ドイツ軍部隊は、ソ連軍戦車の進撃をあっけにとられて見守った。

この夜一一時にはラザレフ将軍の指揮する第二〇戦車軍団はレベジンを占領し、ショプリンへ前進をつづけた。しかし、キリチェンコ将軍の第二九戦車軍団の前進は芳しくなかった。

軍団はドイツ軍の激しい抵抗のため、わずか五〜六キロ前進して、トゥリヤを占領できただけだった。

「ドイツ軍戦車が接近しつつあり」

しかたがない、ロトミストロフは第二九戦車軍団には一時的に防戦態勢をとることを命じた。

開始されたバトゥーチンの攻撃

一月二六日夜明けとともに、バトゥーチンの第一ウクライナ方面軍の攻撃も開始された。ここではバトゥーチンは、ソ連流の正統派の攻撃方法を取った。まず何百門もの大砲が激しい砲撃を浴びせ、ドイツ軍前線を鋤き起こす。それにつづいて、戦車と歩兵の大群が正面から襲いかかるのだ。

当初、この攻撃はあまりうまくいかなかった。ドイツ軍守備兵は断固として塹壕にとどまり、攻撃する歩兵に機関銃火を浴びせなぎ倒した。戦車は、師団砲兵までも投入された直接照準射撃で撃破された。ソ連軍はほとんどの場所でほんの二〜三キロしか前進できなかった。一部七〜八キロ前進できた場所でも、第二線は突破できなかった。

唯一の光明はトロフィメンコの第四〇軍戦区であった。ここでは三〇両の戦車に支援された第一八〇、第三三七狙撃兵師団が、ルーカとディブニズィの間を突破して、ボグシュラフへの前進に成功したのである。さらに第一八〇狙撃兵師団の別の部隊は、南東にメドヴィンに向かう街道に沿って前進を遂げていた。翌朝には突破したシャーマン戦車（!）は、――そうレンドリースの――メドヴィンに向かって前進を開始した。

もうひとつ、トロフィメンコに隣接する第二七軍部隊もこの日の終わりまでに一二キロも前進していた。彼らは本来、攻撃の二義的経路に割り当てられただけだったのだが、バトゥーチンはこれを利用することにした。クラウチェンコの第六戦車軍隷下の第五親衛戦車軍団は、五〇キロを越える夜間行軍によりティノフカから北へと移動した。

二七日早朝に到着した戦車軍団は、その日の午後には第四七狙撃兵軍団とともに、ボヤルカの北のドイツ軍防衛線へと侵入したのである。ドイツ軍の予想を越える、まさに神速の機動であった。ドイツ軍は主攻はティノフカから加えられると思い込んでいたのだ。ドイツ軍の裏をかいたクラウチェンコの戦車部隊は、メドヴィンを通って、リュシャンカへと急速に前進を開始した。

リュシャンカは重要な地点だった。そこはドイツ軍の第八八歩兵師団と第一九八歩兵師団だけでなく、第四二軍団そのものの主補給路が通っていた。しかし、そこにはまともなドイツ軍部隊はなく、郵便配達、法務官、蹄鉄工、地区統制司令部といった、後方勤務部隊がいるだけだったのである。

第五親衛戦車軍団の部隊は、メドヴィンの方向から南東に向かってリュシャンカへの攻撃を開始した。午後、ニコライ・マシューコフ大尉の指揮する、第二三三戦車旅団第一大隊はシャーマン戦車の背中にいっぱいの歩兵「タンクデサント」をのせて、町の外縁へと到達した。町は谷に沿って広がっていた。戦車はこの地形を利用して町を北、南の両側から封鎖した。

攻撃開始、戦車は町に向かって突進する。ソ連軍はドイツ軍を驚かすため、前照灯を煌々とつけサイレンをけたたましく鳴らして突入した。

「アラート！」

町の西端にあった監視哨は戦車の接近を警報したが、たちまち先頭のシャーマンに蹂躙された。

「キャタキャタキャタ」

「バキバキバキ」

シャーマンは彼らの哨所の上で信地旋回し、兵士たちはキャタピラでぐしゃぐしゃに踏み潰された。

「アゴーイ！」

町に突入した戦車からは、戦車砲と機関銃の一斉射撃が浴びせられる。

「ガン、ガン」

「ドカン、ドカン」

雨あられと降り注ぐ銃砲弾で、町は火の海となった。町を守るためにかき集められたドイツ軍部隊は、こんな本格的な戦闘など味わったことはなかった。いうにおよばず対戦車火器もなく、彼らに勝ち目はなかった。彼らの防衛線はたちまちのうちに崩壊し、夕方早くには町は、何千トンもの食料、弾薬、被服とともにソ連軍のものになった。

リュシャンカを陥とした第二三三戦車旅団は、少数の歩兵と数両の戦車を町の保持のために残して、ズヴェニゴロドカの方向へと押し出していった。そう、そこで彼らは、ロトミストロフの第五親衛戦車軍の先鋒部隊と握手するのである。そのころロトミストロフの部隊はどうなっていたか。

ソ連軍による包囲網の完成

ロトミストロフは、第二九戦車軍団を一時的に停止させはしたものの、これを気にすることなく、第二〇戦車軍団の前進をつづけさせた。彼の手元にはまだ予備兵力として第一八戦車軍団が控置されており、これに対処する余裕があったからである。ロトミストロフは第二〇戦車軍団にショプリンとズヴェニゴロドカへの進撃を命じ、第二九戦車軍団にはその左翼の援護を命じた。

「走れ！　止まるんじゃない」

第二〇戦車軍団は夜っぴいて前進をつづけ、ショプリンに突入した。戦闘はすぐに終わり、一月二七日の朝一〇時にはショプリンは完全に占領された。しかし、ここで思わぬ事態が生じた。ドイツ四七機甲軍団が、ティシュコフカとカピタノフフカの一部を奪回する反撃を南から発動し、第五親衛戦車軍の連絡線を切断したのである。

「ズーン、ズーン」

圧倒的なソ連軍の圧力を前に、ドイツ戦車は絶望的な戦いを挑んだ

「ボボボボボ」

「ドカーン」

弾薬トラックが爆発した。

「グワッ」

こんどは燃料トラックだ。

「ギギギギキ、グギャギャギャ」

踏み潰された車体が悲鳴を上げる。ドイツ軍戦車は主砲と機関銃を撃ちまくり、補給路上を走り回って、ロトミストロフの補給部隊を殲滅し

た。

ロトミストロフのいた第二〇戦車軍団の指揮所そのものが、その隷下の旅団と切断されてしまった。こうしてロトミストロフの先行する二個戦車軍団は、第二ウクライナ方面軍から孤立してしまった。ドイツ軍の危機が転じてソ連軍の危機だ。以前ならソ連軍はパニックとなって崩壊したかもしれない。しかし、ここでロトミストロフは決然として行動することにした。彼はよくあるようにここで停止してドイツ軍に反撃し、後方連絡線を確保しようとはしなかった。

ロトミストロフには攻撃をつづけて、第一ウクライナ方面軍と連絡をつけないかぎり、勝利は得られないことがわかっていた。彼はラザレフの第二〇戦車軍団を、西にシュポラ、南西にズラトポルに向かって前進をつづけさせた。そしてラザレフには側面にかまわず、ズヴェニゴロドカでクラウチェンコの第六戦車軍と連絡するまで停止するなと命じた。もし、燃料と弾薬を使い尽くしたら空中から補給する。

一方、キリチェンコの第二九戦車軍団には敵から離脱しだい後を追わせることにした。そして、予備兵力の第一八戦車軍団にドイツ軍の撃退を命じたのである。しかし、第一八戦車軍団にはたった五〇両（一個軍団にたった五〇両！）の戦車しかないことも……。いくらなんでも、これではとてもドイツ軍の攻撃を撃退できるはずがない。

「コーニェフ閣下、増援を！」

悲痛な無線が飛び交う。ロトミストロフの援軍要請に、コーニェフは他の戦区から抽出した対戦車砲旅団を即座に送って応えた。さらに彼は、第二梯団の狙撃兵師団と予備の騎兵軍団を派遣したのである。これによってドイツ軍は南に押し戻された。もう少しでソ連軍の作戦は台なしになるところだった。しかし、狙撃兵の追従を待たずにひたすら突進するという、ロトミストロフの大胆な行動が作戦を救ったのである。コーニェフは、ロトミストロフによる機動の統制に感銘を受け、彼の戦術的慧眼を絶賛した。

一月二八日夕方、ロトミストロフの先鋒部隊は、ズヴェニゴロドカに到着した。彼らはわずか三日半で、敵後方六〇キロを突破したのだ。偉業と言わずして何と言おう。彼らはそこでメドヴィンから南へと突破したバトゥーチンの第一ウクライナ方面軍の部隊と、固い握手を交わすことができた。ズヴェニゴロドカには彼らが先に到着していたが、その走破した距離はその半分でしかない。

これによってじつに六・五個師団五万六〇〇〇名のドイツ兵が、コルスン突出部に包囲されたのである。ソ連軍の大勝利であった。とりあえずは……。そう、このあとソ連軍はコルスンの「ちっぽけな」包囲どころではない大魚を逃すのである。そしてまた、包囲されたドイツ軍は、容易には屈服しなかった。その結果、彼らの激しい抵抗により、ソ連軍は勝利したとはいえその勝利は大きく色あせる結果となる。ともかくコルスン包囲戦は、まだはじまったばかりであった。

第7章 解囲なるか! ドイツ軍救援部隊の死闘

コルスン包囲に直面したドイツ軍は、反転攻勢の希望や死守命令に迷走したあげく、第二のスターリングラードへの道をむなしくたどった!

一九四四年一月二八日～三〇日 コルスン包囲戦―ドイツ軍の防戦

ドイツ軍の防戦

さて、コルスンを包囲しようとしたソ連軍の攻撃にたいして、ドイツ軍はどう対応したか。彼らはもちろんこの突出部が、ソ連軍の攻撃目標となることに気がついていた。しかし、ヒトラーの許可が得られない以上、そこから撤退することはできなかった。このため彼らは、彼らの権限内でできる範囲でやれることをするしかなかった。もっともそれは、ごく限られたものでしかなかったが……。

コルスンに閉じ込められることになる、後のシュテンマーマン集団（第一一軍団および第四二軍団の大部分）にとって戦線の火消し役として使用されたのが、包囲陣内の唯一の機甲兵力となる、第五SS機甲擲弾兵師団「ヴィーキング」であった。その編成には一個戦車大隊を持ち、当時Ⅳ号戦車二五両と訓練中隊に一ダースのⅢ号戦車、そして追加して六両の突

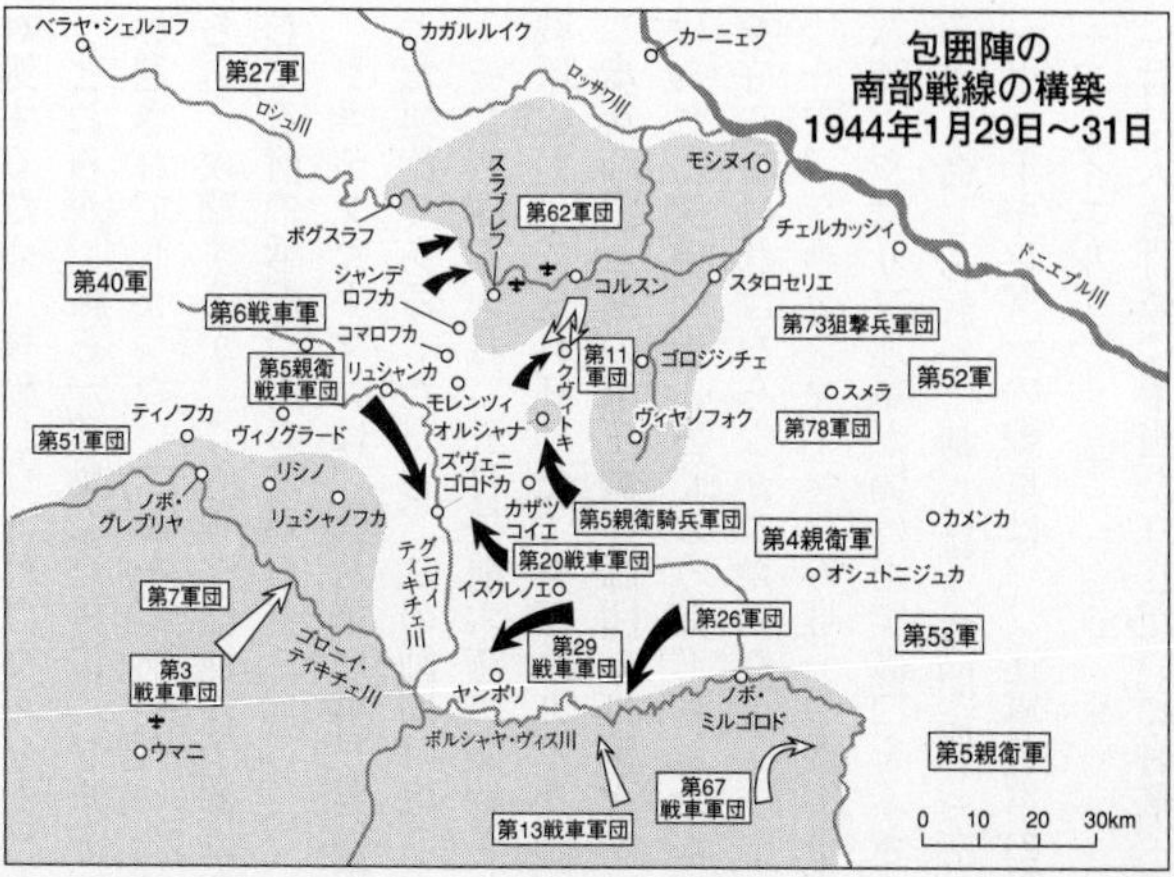

撃砲を装備していた。さらに機甲砲兵大隊には、一六両のヴァスペ自走砲まであった。

彼らはハンス・キョーラーSS少佐の指揮下に、戦車大隊、一個機甲擲弾兵、自走砲兵大隊をまとめた、「ヴィーキング」機甲戦闘団を編成していた。シュテンマーマンは、ソ連軍の攻勢を察知すると、彼らにいつでも出動できるよう準備をととのえさせた。その戦闘行動はすでに二四日には開始された。この日、ソ連軍はつづく攻勢に役立つ攻撃地点を確保するために、ブルトゥキを攻撃したのである。

「ヴィーキング」機甲戦闘団の反撃で、ソ連軍の威力偵察部隊は撃退されたが、この攻撃は彼らに来るべき恐ろしい運命をおぼろげながら予想させるものとなった。しかし、彼らにそんな感慨にふけっている暇はなかった。彼らはブルトゥキを奪還した後すぐに、こんどは第一一軍団と第四二軍団の継ぎ目にたいする別の危機に対処するため、移動しなければならなかった。

ところが、彼らが移動した後に、ブルトゥキは二五～三〇両の戦車によるソ連軍の反撃で奪還されてしまった。こんなぐあいだった。もぐら叩きのよう。敵は多数の部隊であちらこちらと攻撃するが、こちらには他に予備はなかった。これがまだソ連軍の本格的な攻撃がはじまる前の話だったのだから……。

シュテンマーマンは、第八軍に第一四機甲師団を派遣してくれるよう要請した。時宜にあった処置である。ただし、この師団ははるか南にあり、移動には何時間もかかりそうだった。

一九四四年一月二五日午前六時に開始されたコーニェフの攻撃は、第九軍団の四〇キロの戦区に沿って荒れ狂った。第三八九歩兵師団の防御陣地がめちゃくちゃに叩かれ、北の第七二歩兵師団と南の第三機甲師団も打撃を受けた。第三機甲師団は第三八九歩兵師団戦区に開けられた突破口をふさぐよう命じられたが、それどころではなかった。まずは彼ら自身の身を守らなければならなかったのだ。

一方、シュテンマーマンの唯一の機甲予備、「ヴィーキング」機甲戦闘団は、この日午前八時、やはりソ連軍が開けた突破口をふさぐよう、オシュトニジュカに向かって南に攻撃するよう命じられた。彼らは二時間後、二五～三〇両からなるソ連軍戦車部隊に激突した。

「ヴィーキング」の戦車は、ソ連軍戦車の隊列にまさに殴り込みを敢行した。

「フォイエル！」

目に入る目標に手当たりしだいに射撃。ほとんど零距離射撃で、たちまち一三両のT34が撃破された。残りの戦車は大急ぎで逃げ出そうとしたが、さらに六両が地雷原にはまって擱座した。「ヴィーキング」機甲戦闘団は、そのままそこにとどまって、この戦区のドイツ軍防衛線を支えるよう命じられた。彼らはソ連軍戦車を迎え撃って戦いつづけたが、別の場所で危機は増大していた。

そのころ、第三機甲師団は、その北の射程外を堂々と行進していくソ連戦車部隊を見送っていた。しかし、彼らはそれを報告することしかできなかった。

第一四機甲師団の主力がようやく到着したのは、午後のことだった。もっとも師団は機甲師団というには名ばかりで、たった一一両の稼働戦車と突撃砲しか有していなかったのだが……。師団長のウンラインは、彼の部隊をやむなく分割して危機迫る拠点に派遣したが、圧倒的なソ連軍の前には蟷螂の斧でしかなかった。彼らも結局、突破口をふさぐというより、自分自身の生存のために戦わなければならなかった。絶えず戦いつづけた師団には、二六日終わりには、たった四両の稼働戦車しか残らなかったのである。

さらに第一一機甲師団も増派されたが、彼らは第一四機甲師団と協調した強力な反撃など用意できなかった。二六日、彼らは到着するとともに、第一四機甲師団にたいする敵の圧力を減らすために戦わなければならなかったのである。最も避けるべき戦力の逐次投入であったが、どうしようもなかったのだ。それでも第一一機甲師団は、断固として攻撃を開始した。

午後早くにはその先鋒の機甲擲弾兵連隊は、カピタノフカの南一二キロのカメノパトカにまで到達し、第八戦車連隊はズラトポルを通って前進した。第八戦車連隊には、一ダースかそこらの戦車しかなかったが、午後七時にはティシュコフカの東数キロのピサレフカの一部を確保した。さらに彼らは町の西を行くソ連軍隊列を攻撃して三両の戦車を破壊したほか、多くの損害をあたえた。しかし、それが何になろう……。

ドイツ軍の必死の反撃も空《むな》し

二七日、ドイツ軍は、三個機甲師団による反撃を開始した。三個もの機甲師団。これはたいした戦力だ。もし定数どおりなら……。ともかく第三機甲師団は、ヴァシリフカの近くから北に向かって攻撃し、ライメントロフカの町を奪還して、ズラトポルに向かう街道を切断する。一方、第一一、第一四機甲師団は、第三機甲師団の一〇キロ北西から、第一一機甲師団が左翼、第一四機甲師団が右翼に並んで北に向かって攻撃し、カピタノフカを奪取して東に向かう戦線を構築して、ソ連軍のそれ以上の突破を防ぐのだ。同じく北からは、「ヴィーキング」機甲戦闘団が、オシュトニジュカの西から南に向かって攻撃し、突破口を閉鎖する。この計画はかなり有望に思えた。ただし紙の上では……。

午前五時三〇分、攻撃は開始された。

「パンツァー、マールシュ！」

戦車が、数少ない戦車が前進する。第一一機甲師団の攻撃はうまくいき、昼前にはカピタノフカの北にまで侵攻した。カピタノフカを占領していたソ連軍は、町を捨てて逃げ出した。

ドイツ軍はかき集めた戦車戦力で反撃をこころみた

これはあやうくソ連軍の攻勢を台なしにするところだった。そう、これによりソ連軍の後方連絡線は切断されたのだ。それを知らずにここを通過しようとした、ソ連軍輸送隊列はドイツ軍にさんざんにやられたのである。

さらに第一一機甲師団は、オシュトニジュカからカピタノフカへの道路を閉鎖するため東に向いて、カピタノフカの残る部分を占領した。そしてピサレフカの近くで、隣接する第一四機甲師団との連絡を確立した。さらに第一四機甲師団はロッソショフカ近くの陣地を固め、ライメントロフカの南東の第三機甲師団との連絡を確立した。このまま進めば、戦線は元通りにつなぎ合わされる。

しかし、そうはならなかった。つづく数時間の間に事態は急速に悪化した。午後二時半、ロッソショフカは第三、第一四機甲師団――もはや師団と呼べるだけの戦力は有していなかったが――の必死の努力にもかかわらず、ソ連軍に奪還された。ソ連戦車はティシュコフカへと突進し西に突破した。

カピタノフカを保持していた第一一機甲師団部隊も、

走り抜ける騎兵部隊の隊列を、ドイツ兵はあっけにとられて見送った

やはりソ連軍によってたたき出された。ティシュコフカに襲いかかった二二両のT34は、そこを守っていた機甲戦闘団を突き抜けて、レベジンに向かって西へと進んでいった。別のソ連戦車は歩兵とともにティシュコフカに突入した。機甲師団群が確保しようとした、あっちもこっちもソ連軍の攻撃にさらされ、彼らにはこれをつぶすだけの戦力がなかった。

ついでに「ヴィーキング」機甲戦闘団について言えば、オシュトニジュカの守備兵の支援に釘付けとなり、攻撃そのものに参加できなかった！　もうひとつ、第一一機甲師団には「グロース・ドイッチュラント」のパンター大隊が一時的に貸し出されることになっていたが、彼らの到着は戦機に間に合わなかった。それでも彼らは奮戦したが、二日間で戦力の四分の三を失ってしまった。

第四七軍団司令官のフォン・フォアマン中将は、彼がまさに眼前にした光景を述懐している。

「損失を顧みず赤軍の大集団は、第三、第一一、そして第一四機甲師団の前を通り過ぎて、西にあふれ出していった。驚くべき衝撃的で劇的な光景だった。ダムは決壊した。そして巨大な終わることのない奔流が、平らかな風景につきすすんでいった。そこではわずかな歩兵に支援された我が軍の戦車が、業火の中の絶壁のように立ちはだかっていた。午後遅くにわれわれの阻止砲火の中を通って、堅く密集した敵の騎兵部隊が西に向かって襲歩していったとき、驚きはさらに高まった。それは忘れることのできない、信じがたいような衝撃的な光景だった」

こうして、ドイツ軍の反撃は失敗に終わり、突破したソ連軍は何物にも妨げられることなく、東西からドイツ軍の戦線深く前進していった。そして二八日、ズヴェニゴロドカでソ連軍は握手をし、コルスン突出部のドイツ軍は包囲されたのである。ドイツ機甲師団群の攻撃は翌日もつづけられたが、新たな攻撃——こんどは解囲攻撃となる——のために引き上げられた。

構築されたコルスン包囲陣

コルスン突出部が切断、包囲された。まさに危機的事態である。しかし、ドイツ軍の危機はそれだけではなかった。一〇〇キロにわたる突破口の向こう側には、守る者とてない原野が広がっていたのである。もし、ソ連軍が進撃をつづければ、簡単にブーク川に到達し、ルーマニアまで進撃できるだろう。しかし、ソ連軍はそうしなかった。彼らは四日間にわたって、コルスンに作った包囲網をしっかりと固めることに徹したのである。

こうした理由のひとつは、彼らが包囲した部隊を過大に評価したことがある。彼らの見積もりでは、包囲されたのは一〇・五個師団一〇万名とされていた。これは皮肉なことに、中にいたドイツ軍が本来の師団の生き残りの、数々の部隊を寄せ集めたものだったからであった。このため彼らは一部しかない部隊をも、それぞれを師団にカウントしてしまったのである。

そしてもうひとつの理由は、ソ連軍自身の兵力が実際より乏しかったことであろう。その兵力は、戦車二個をふくむ六個軍（後に七個軍）とされていたが、ここまで見て来たようにその実際の戦力は、ドイツ軍ほどではなかったにせよ、はるかにその定数を下回っていた。さらに最後の理由としては、彼らとしてもラスプチツァ（雪解け）の泥沼を考慮しないわけにいかなかったのだ。

これはドイツ軍には僥倖であった。しかし破滅を免れたとはいえ、包囲網には多数の友軍が閉じ込められていた。包囲された部隊が全滅する、スターリングラードの悲劇は、なんとしても防がねばならない。しかし、ヒトラーは相変わらず非現実的な妄想をもてあそんでいた。彼は頑固に、突出部の維持に固執した。

彼はそこが、まだ反撃の拠点となると思っていたのだ。彼は包囲された部隊の脱出を認めようとせず、マンシュタインにたいして、強力な機甲部隊を投入して包囲陣との連絡を回復するよう命じた。そうすることによって、包囲をはかったソ連軍を逆包囲して殲滅する。それどころか、余勢をかって攻勢に転じあわよくばキエフまでもを奪還しようとするのだ。これはドイツ軍の実際の戦力を考えれば、まさに妄想以外の何物でもなかったが……。

こうしてコルスンに作られた、包囲陣をめぐる戦闘が生起することとなった。包囲陣内のドイツ軍にとって何より緊急に必要とされたのは、開放された南翼に沿って防衛線を構築し、ソ連軍の侵入を防ぐことだった。もしそれができなければ、包囲されたドイツ軍は個々に分断撃破されてすぐ殲滅されてしまうだろう。

ともかく、まずは補給部隊や支援部隊からかき集められた兵力から警報部隊が作り出された。そして所属部隊から切り離された迷子の部隊や迷子の兵士も編合され、薄っぺらい戦線らしきものが構築された。予備部隊を作り戦線を補強するためには、戦線の縮小が必要であったが、それにはヒトラーの許可が必要だった。じつは許可は無かったものの、それは二八日夕方には開始された！

侵入したソ連軍を撃退するのは、唯一の火消し「ヴィーキング」機甲戦闘団と、もうひとつ、第一四機甲師団から切り離されて包囲陣側に取り残されてしまった、気の毒な「フォン・ブレーゼ」戦闘団であった。そこには何両かの戦車と装甲兵員輸送車があった。彼らの戦いぶりはこんな具合である。

二八日早くタシリクの近くを突破したソ連軍部隊の一部は、「ヴィーキング」機甲戦闘団が撃退した。ソ連戦車は雪の開闢地で「ヴィーキング」の戦車に包囲され、完全に殲滅された。これは普通の戦いだが、つぎの話はもう少し変わった戦いだ。

同じ日、「ヴィーキング」戦車連隊第一大隊のハインSS中尉は、オルシャンカへの増援を命じられた。しかし、この増援は「ヴィーキング」機甲戦闘団としてではなかった。彼らは忙しいのだ。なにせこのとき師団は五〇キロにおよぶ範囲で、激しい防御戦闘に従事していたのだ。

ハインは四両のポンコツの突撃砲をあたえられたのである。これらはそのときちょうど「ヴィーキング」の整備大隊で修理されていた車体だった。これらの車体の無線機は作動せず、ハインは突撃砲の乗員も用意しなければならなかった！　ハインは彼の大隊の撃破された戦車の乗員をあてた。ハインはこのつぎはぎ部隊でなんとかしなければならなかった。

急造突撃砲小隊の活躍

ハインの間に合わせ部隊は、午後すこししてゴロジシチェを出発し、午後六時にオルシャンカに到着した。そこではソ連軍戦車が、補給部隊によって急造された警戒幕を蹴散らしていた。ハインは即座に反撃を決意した。午後七時、四両の突撃砲はソ連軍陣地を正面から攻撃した。

「フォイエル！」

榴弾で歩兵を追い出す。自走砲にたいしては徹甲弾である。ハインは一両の突撃砲と引き換えに、五両の敵自走砲を撃破した。ハインはその後、ソ連軍を追い払ってキリロフカにま

突撃砲の適宜の投入で、ドイツ軍戦線は持ちこたえた

で進出した。これでしばらく戦線は静かになった。しかし、それも数時間のことだった。

二九日早朝にはソ連軍はふたたび、オルシャンカを攻撃した。第一三六狙撃兵師団の一個連隊と支援する自走砲に、ハインの突撃砲とアマチュア歩兵が応戦する。戦闘は一二時間もつづいたが、再三再四、村に侵入しようとする歩兵を、ハインらは断固として撃退した。七両の自走砲が撃破され、ハインの突撃砲には損害はなかった。しかし、歩兵は大損害を被った。

翌日、ハインは大忙しだった。朝、彼らは西のピディノフカの方向に攻撃に出て、高地にいた第一三六狙撃兵師団の守備兵を追い出した。しかし、二時間後、第六三騎兵師団が、オルシャンカを攻撃した。乗馬騎兵を多数の対戦車砲、自走砲、軽砲が支援する。乗馬騎兵は、ろくに戦闘訓練を受けていないアマチュア歩兵には効果的だった。

しかし、ハインの突撃砲には関係ない。彼は残る突撃砲のうち二両をもって出撃し、町に入ろうとする敵着したことである。
彼にとって幸いだったのは、増援部隊としてプロの歩兵、「ナルヴァ」エストニア大隊が到
放棄せざるを得なかった。いまやハインの手元には、二両の突撃砲しか残っていなかった。
の企図を打ち砕いた。ただ痛いことに町に戻る途中、一両の突撃砲の操向機構が壊れたため

ハインはさっそく、オルシャンカの南の地域に陣取った、ソ連軍の対戦車砲と突撃砲にたいする反撃を企図した。この脅威はどうしても除去しなければならない。二両の突撃砲の背中には一部のエストニア歩兵が乗り、残りは徒歩で追従した。地形を利用してソ連軍に見つからないように接近する。おりしも彼らは七門もの火砲を設置しようとおおわらわだった。

しかし、不運にも一両の突撃砲の主砲が故障して離脱するはめとなった。戦力はハイン自身の突撃砲一両となった。ハインは側面から敵を攻撃した。攻撃は完全な奇襲となった。ハインと跨乗した歩兵が撃ちかけると、騎兵と砲手はパニックとなって逃げ出した。ハインの砲手は最初に軽歩兵砲を撃ち、それから二門の四五ミリ対戦車砲と四門のラッチェ・バムを射撃した。

その間、ハインはハッチから身を乗り出して、MG34と、短機関銃を乱射し、手榴弾を投げた。さらに突撃砲は、ソ連軍のハーフトラックとトラック、そして挽馬チームにのしかかった。しだいに敵兵は降伏しだした。なかには大隊長もおり、尋問の結果、二個師団もが攻撃のためオルシャンカに近づいていることがわかった。

そうこうするなか、増援のソ連戦車がトルスタヤの方向から向かってくるのが望見された。

「フォイエル！」

突撃砲はたちまちそのうちの二両を撃ち取った。しかし、兵力は少なく町から離れすぎていたため、彼らが斜面を保持することは不可能だった。やむなくハインは、村へと撤退した。しかし、ハインの行動によりオルシャンカは守り抜かれ、オルシャンカとゴロジシチェの街道に沿っての包囲陣の粉砕を防ぐことができた。ハインには騎士十字章が授与された。

翌朝、ソ連軍はオルシャンカの南斜面にふたたび対戦車砲陣地を構築し、二個連隊で攻撃を仕掛けた。これにたいして今度はハインは、安全な村の中から榴弾射撃で対処することにした。ソ連軍は六門の対戦車砲を失い、さらに一両の戦車も撃破された。この日、「ナルヴァ」大隊の残余とハイン自身の戦車中隊が到着した。

ハインはもともと自分が乗っていた指揮戦車に乗り換えた。しかし、この日は吉日ではなかったようだ。別の対戦車砲陣地を攻撃中に、ハインの戦車は待ち伏せしていた第六三騎兵師団の戦車連隊の二両のシャーマン戦車から射撃されたのである。

「ガーン」

直撃弾を受け戦車は炎上した。他の乗員は無事脱出したものの、ハインは顔と手に火傷し、ゴロジシチェの野戦救護大隊の下へと後送された。

オルシャンカの戦いそのものは、ハインが去った後も終わらなかった。その戦いはさらに六日もつづいたのである。しかし、ドイツ兵は断固として村を守り抜き、大損害を被ったソ連軍は、それ以上の攻撃をあきらめた。しかし、これは本当に勝利と言えるのだろうか……。

第8章 合言葉は自由！ 崩壊したドイツ包囲陣

包囲網突破ならず！ 万事窮したドイツ軍の包囲陣脱出は、雪原を血で染める大悲劇に終わった！

一九四四年一月三〇日～二月一九日 コルスン包囲戦―終局

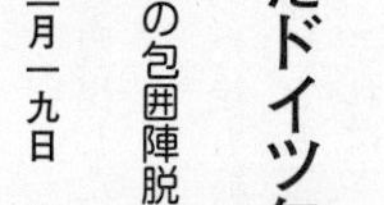

包囲網を打ち破れ！

包囲陣内部で必死の防戦がすすめられる一方、包囲陣の外側では懸命必死に、救援攻撃の準備がすすめられた。南方軍集団司令官フォン・マンシュタイン元帥は、この攻撃によりドニエプルの戦線を回復しキエフを奪還するというヒトラーの妄想は、さすがに不可能だと思っていたが、包囲網を形成したソ連軍に大打撃をあたえる好機ととらえた。もし、第一、第二ウクライナ方面軍の機甲先鋒二個軍を撃滅できれば、この先、ウクライナの防衛はかなり楽になる。

一月二八日、マンシュタインは、包囲陣を取り巻いている部隊を包囲し撃滅するために、第一機甲軍、第八軍に西と東から攻撃する救援作戦の準備を命じた。西からは第一機甲軍の第三機甲軍団（ブライス大将）が攻撃し、南からは第八軍の第四七機甲軍団（フォン・フォア

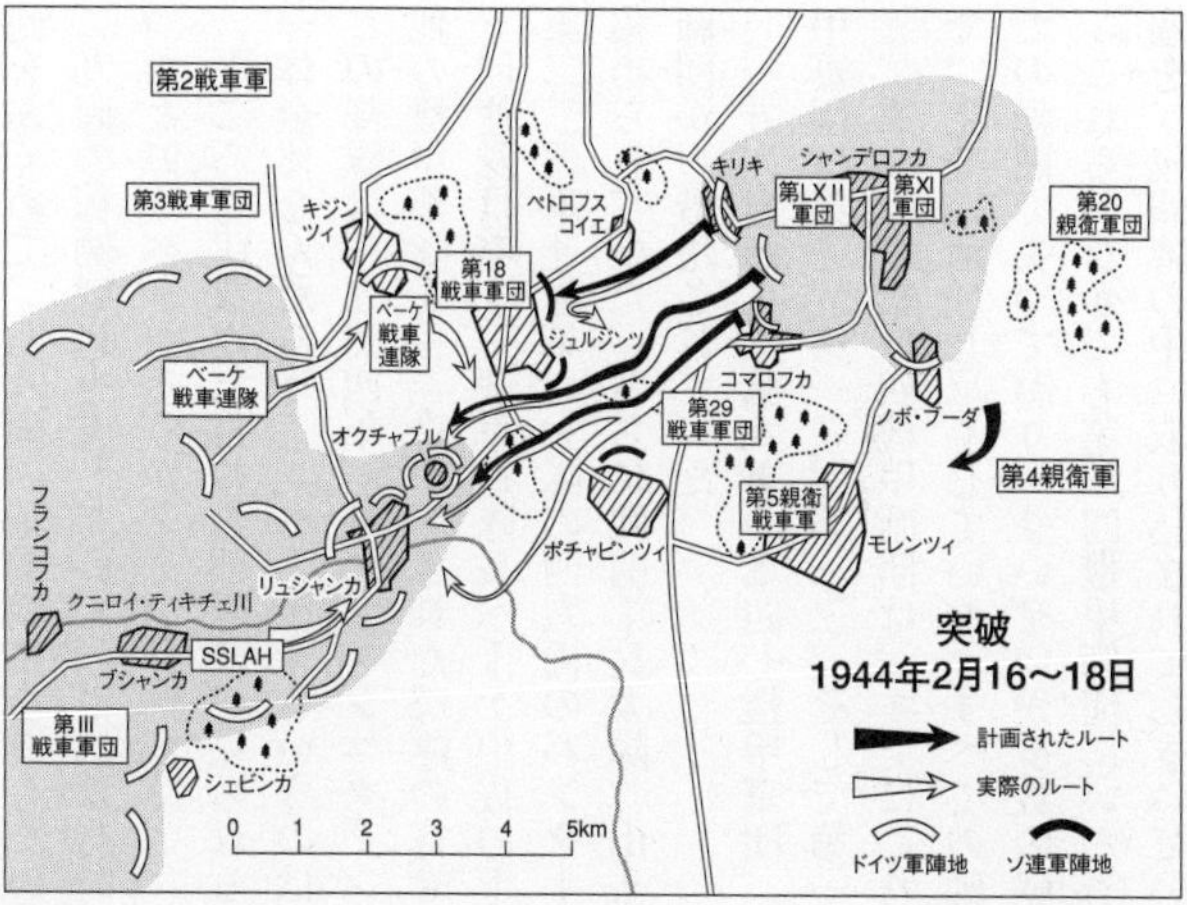

マン中将）が攻撃する。かき集められた兵力は九個機甲師団余であった。第三機甲軍団には第一、第一六、第一七機甲師団、ＳＳ第一機甲師団「ライプシュタンダルテＳＳアドルフ・ヒトラー」、そして「ベーケ」重戦車連隊、一方、第四七機甲軍団には第三、第一一、第一三、第一四そして第二四機甲師団である。

第三機甲軍団は第一機甲軍のはるか右翼へと移動し、そこから北東方向にメドヴィンの町を目指して進む。第一六、第一七機甲師団に、「ベーケ」重戦車連隊が先鋒として前進路を啓開した後、他の二個の機甲師団が追従する。第一六機甲師団と第一七機甲師団は、やはりご多分にもれず最近の激しい戦闘に巻き込まれていたが、比較的に良好な状態にあった。

一月二八日の時点で、第一六機甲師団は追加配属された七両のティーガーと七両の突撃砲をふくめて、四八両の稼働戦車を有していた。第一七機甲師団はそれよりは悪かったが、二九両の稼働戦車を有していた。これは当時のドイツ軍機甲師団としては、たいしたものだったというべきだろうか……。

ところで、なかに奇妙な部隊名が見られる。そう、「ベーケ」重戦車連隊である。これは一体全体なんだろう。「ベーケ」というのは、指揮しているフランツ・ベーケ中佐のことだ。この部隊は一九四四年一月にマンシュタインの命令で編成された、臨時編成の部隊であった。他の機甲部隊から「借用」された部隊の寄せ集めだが、きわめて強力な戦力を有していた。

同連隊は第一一戦車連隊長ベーケ中佐の下、第五〇三重戦車大隊の三四両のティーガー、第二三戦車連隊第一大隊の四六両のパンター、そして第八八砲兵師団第一大隊のフンメルが集められていた。さらに戦闘工兵大隊、山岳猟兵大隊、加えて連隊装甲車小隊も第二三機甲師団から借用されていた。

一方、南からは第八軍の第四七機甲軍団(フォン・フォアマン中将)が攻撃する。第四七機甲軍団は第三、第一一、第一三、そして第一四機甲師団からなる。しかし、これらのうち第三、第一一、第一四機甲師団は、すでにこれまでのソ連軍の攻撃にたいする激烈な防衛戦闘で、完全に消耗し尽くしていた。すべての師団はただでさえ少ない戦車のほとんどをこれまでの戦闘で失っており、せいぜいが少数の戦車に支援された歩兵戦闘団でしかなかった。

これらのなかでも第一四機甲師団にいたっては、その主戦力のひとつである擲弾兵連隊一個を、包囲陣の中に取り込まれてしまっていた。第一一機甲師団には「グロース・ドイッチ

「ベーケ」連隊には、まさに虎の子のティーガー、パンターが集成された

ュラント」機甲擲弾兵師団から一個戦車大隊を受け取っていたが、その戦力ももはや一個中隊でしかなかった。すこしはましだったのは、第五二軍団から移管されたばかりの第一三機甲師団だけだが、それも自慢できるようなものではなかった。

マンシュタインにも、第四七機甲軍団の戦力不足はわかっていた。このため彼は南の第六軍から第二四機甲師団を呼び寄せることにした。彼らはキロヴォグラードの南東にあり、当時、東部戦線でも珍しいほとんど戦闘に加入しておらず、完全戦力に近い機甲師団であった。師団はなんと六〇両を越える戦車と一個突撃砲大隊を有していたのである。

一月二八日、移動命令を受け取ったとき、師団はアポストロバにあった。彼らはヤンポール近郊の集結地点に移動するためには、三一〇キロを越える路上機動が必要だった。というのも、当時、鉄道は使用できなかったからである。しかし、師団のだれもが包囲された戦友を救出するためなら、そうした苦労などなんとも思っていなかった。もし本当に役に立つのなら……。

迷走する救援作戦

移動の困難に直面したのは、第二四機甲師団だけではなかった。その他の師団ももう少し近くにいるにせよ、苦労して移動しなければならないことには変わらなかった。とくに第三機甲軍団部隊は一部は鉄道を使用できたが、多くは彼らの集結地点まで何日間も路上行軍をしなければならなかった。

第三機甲軍団の四個機甲師団の五万名もの大移動は、困ったことに天候条件に左右された。ウクライナの原始的な道路網が何千もの車両の重量に堪えられるかどうかは、気温しだいだったのである。気温が氷点下なら道路はかちかちに凍り車両の通行に問題はなかった。しかし、一度気温が零度を越えると、道路の表面は溶けてぐちゃぐちゃどろどろの泥沼となった。

一月二九日に天候は悪化しはじめた。気温は通常より高くなり、日中にはいくつかの道路の表面を溶かすようになったのである。この暖かさはしばらくつづき、ドイツ軍の移動に厄災をもたらした。工兵部隊は懸命に道路の補修にあたったが、何十、何百もの戦車、ハーフトラックのキャタピラはたちまち道路を掘り起こした。それでも彼らはなんとか進むことができたが、装輪車両は深い轍《わだち》にはまり込み、にっちもさっちもいかなくなるのだった。

これらの師団群は計画にしたがい、ウマーニの北の集結地点につぎつぎと集まってきた。三一日の終わりには、第一六、第一七機甲師団のそのほとんどは到着していたが、その隷下部隊の多くは、まだ三〇キロから四〇キロもの長い蛇のような隊列となって、道路上をのたくっていた。

また、これらの師団はすべてまさにいま作戦行動中か、前線のわずか後方で再編成中であり、彼らは集結地点への移動だけでなく、その間も戦いつづけねばならなかった。「ベーケ」重戦車連隊は、自身の移動のための鉄道線路の末端まで、まさに「戦い」進まねばならなかった。彼らはオストロフで、その車両を平底貨車に積み込むことになっていた。

しかし、彼らがそこにたどり着くと、驚愕すべき事態が生じていた。なんと鉄道駅と操車場は敵に占領されていたのである！　それでも彼らは東部戦線のベテランだ。逡巡する間もあろうことか、たちまち「行軍モード」から「戦闘モード」に移行した。「ベーケ」の猛獣たち、ティーガー、パンターは、その牙を剝き出して敵戦車に襲いかかった。

「ピカッ」

「ドウッ」

八・八センチ、七・五センチの長鼻からつぎつぎと火の玉が飛び出す。

「ガーン」

「ドワーン」

命中弾を受けた敵戦車があちこちで吹き飛ぶ。短いが激しい戦闘の後、連隊は自身の損害なしに、なんと四六両ものソ連戦車を撃破した。戦闘が終わるやいなや、連隊は素早く彼らの車両を貨車に積み込み、ソ連軍の攻撃を前に間一髪で逃げ出していた機関車と合流した。

第四七機甲軍団の部隊は、もっとたいへんだった。二七日と二八日にロトミストロフの戦車部隊の切断と撃破に二度にわたって失敗した後も、第八軍のヴォーラー大将はソ連軍への攻撃をつづけたからである。彼はそのくたびれやつれ果てた機甲部隊を、一月三一日から二月二日に至るまで、圧倒的な敵にたいして押しだしつづけたのである。

それはヴォーラーなりに考えのあることではあった。彼としてはソ連軍が十分にその防備を固める前に攻撃するのでない限り、包囲網の突破などできないと考えたからである。しかし、その結果は！　彼の機甲部隊はほとんど何も得るものもなく、ただでさえ減少した戦力をほとんど無くなるまですりつぶしてしまったのである。

もはや、彼らが第三機甲軍団と協調のとれた、強力な反撃作戦を行なうことは不可能となった。彼らは第二四機甲師団の到着を待つことにした。そうなれば、彼らも攻勢に出る戦力も回復できよう。それまで彼らにできることは、ソ連軍にたいするいやがらせの攻撃を繰返し、彼らの戦力を釘付けにすることぐらいだった。

第二四機甲師団はどこにいたか。彼らは泥沼と戦っていた。師団は移動のために隊列を六つに分けた。その先頭を行くのは戦車部隊であったが、これは彼らが最初に敵と交戦するようになると考えられたからである。その先頭集団は二八日の夜更けには七五キロを前進していた。一五時間でこの数字は当時の状況を考えれば、そう悪くはなかった。

しかし、戦車と突撃砲が激しく道路を破壊したため、続行する隊列は一日一〇キロを移動するのがやっととなってしまった。季節外れの早い雪解けは、ウクライナの黒土を厚くねばねばした流動物とし、あらゆるものにこびりついて、機械、馬、人さえも動くことを不可能にした。工兵は道床に砂利を投げ込んだが、泥の中にすぐ飲み込まれ目に見える効果は発揮しなかった。

夜間は寒気により日中通過した部隊が作った轍は堅く凍りつき、戦車以外その上を通ることを不可能にした。夜間動かないでいた車両はその場で凍りつき、ブロートーチで溶かすか、車体を揺り動かすことができるまで、動けなくなった。この泥と氷の悪夢によって、第二四機甲師団の隊列は、東部戦線のベテランでさえ想像できないような壮絶な体験をするはめになった。

戦車は動けたが燃料消費は恐ろしいものになり、満タンの燃料でさえ、ほんの一〇数キロしか走れなかった。擲弾兵さえ降りて自身の乗るハーフトラックを押さなければならなかった。何百という車両が泥沼の底に擱座し、たまさか通過する戦車かハーフトラックに引っ張りあげてもらわなければならなかった。そして戦車は牽引車となり、一ダースものトラックをひくありさまとなった。

それでも師団の先鋒部隊は、二月一日と二日の間に、ヤンポール近くの集結地点に到着しはじめた。彼らは二日の夕刻には前進司令部を開設し、三日には攻撃を開始する予定となった。戦力不足のため攻撃は二四時間延期されたが、彼らが攻撃を開始したまさにそのとき驚くべき命令が届いた。攻撃を中止してニコポリの西のアポストロバの集結地に戻れというのである！

このわけのわからない命令は、ヒトラーが発したものであった。南のニコポリの情勢が悪化したのである。しかし、それだけではない。ヒトラーはマンシュタインが、彼の許可を得ずに第二四機甲師団を移動させたことに激怒したのである！　いまからふたたび移動させても、ニコポリ防衛には役立たない。それよりも現に動き出した攻勢に投入した方が何倍もいい。

このまっとうな反論は、ヒトラーには通用しなかった。第二四機甲師団はこれまで泥と戦いながら通り抜けた、数百キロの道程をふたたび逆戻りして行くこととなった。彼らの行軍経路には泥にはまり、あるいは故障した車両が点々と打ち捨てられ、師団は一度も戦闘しないうちに、その戦力の多くを失ったのである。こうして第四七戦車軍団の攻撃は、はじまらないうちに終わりとなった。

片腕だけの解囲作戦

このためコルスン解囲の役割は、第三戦車軍団が一手に担うことになった。攻撃開始は二月三日に予定された。しかし、このとき攻撃準備がととのったのは、第一六、第一七機甲師団と「ベーケ」重戦車連隊だけだった。これだけではとても兵力は足りないが、これ以上ぐずぐずしている暇はなかった。

　包囲陣内では包囲したソ連軍からの圧力は高まるばかりで、補給物資は不足していた。ルフトヴァッフェは必死で空輸をつづけていたが、天候は悪く、そもそも彼らには二個軍団を支えるだけの能力はなかった。このままではスターリングラードの二の舞いである。攻撃開始に間に合わない第一機甲師団とSS第一機甲師団「ライプシュタンダルテSSアドルフ・ヒトラー」は、到着しだい後続させる。

　二月四日早朝、第三戦車軍団の解囲部隊は攻撃を開始した。片腕での攻撃になったにもかかわらず、攻撃方向は当初予定されたように、ウマーニの北東地域から北に、ボヤルカとメドヴィンの方向であった。モレンズィに向かって北東にただ攻撃する方が包囲陣には短い経路だし、包囲陣にたいするソ連軍の圧力も軽減できたろうに……。

　先鋒の役割を果たすのは、「ベーケ」重戦車連隊である。連隊は一一両のティーガーと一五両のパンターが衝角となり、楔形をしたパンツァー・カイル隊形を取って敵陣へと躍り込んだ。

「榴弾！　フォイエル！」

　戦車は右、左と撃ち分けながら突進する。その後には第一六、第一七機甲師団がつづく。

　しかし、ソ連軍の包囲網は堅く、ここでもラスプチツァの泥沼は重戦車の行動の自由を奪った。泥沼は歩兵の足を膝まで沈ませ、戦車でさえせいぜい時速四キロか五キロでしか動け

解囲のために大活躍したが、結局は成功しなかった「ベーケ」連隊のパンター

なかったのだ。

「ヴォー、ヴォー」

やたらエンジンを吹かしても、からみつく泥はびくともしない。二月七日、攻撃はグニロウ・ティキチュ河畔のボヤルカで停滞し、結局、失敗に終わった。

それに比べてルバニィ・モスト地区からの攻撃はもう少しうまくいった。「ベーケ」重戦車連隊は、クチュコフカのソ連軍戦線に突入した。重戦車連隊は、三つの楔となって戦線に突破口を穿《うが》った。ソ連軍の強力な戦車、重突撃砲部隊に衝突。パンターが速度を上げて左右を突っ走り、中央を三〇〇メートル後ろからティーガーが追従する。

「ピカッ」

何かが光る。敵戦車が遠方で発砲したのだ。

「徹甲弾、フォイエル！」

ベーケが指示し、敵はティーガーの射撃を浴びて瞬時に撃破された。

連隊は一キロごとに敵戦車、敵対戦車砲と格闘しながら前進し、ついにメドヴィンに進出した。すると前面には大規模なソ連軍の防御陣地が出現した。ベーケは敵陣との間のバルカ（涸れた川床）を利用して敵陣を突破することにした。ティーガーが敵戦車と対決している間に、快速のパンターは低地を通って、敵対戦車陣地を迂回して前進する。

前門の「虎」と、後門の「狼」ならぬ「豹」に挟み撃ちにされ、敵は八〇両以上の戦車、自走砲と多数の対戦車砲を撃破され、大打撃を受けた。しかし降雨がつづき、雪解けの泥沼はますますひどくなっていった。このため過度の負荷がかかったために、機械故障で脱落する戦車が増えていった。包囲陣まではあと三〇キロに迫ったが、結局、メドヴィンからのそれ以上の突破は中止された。

脱出

ここに至ってようやくヒトラーは自分の誤りを認めた。包囲網突破のため最短コースを取ることを許したのである。第三機甲軍団は作戦を変更し、ウィノグラード地区から東に向かい、ブシャンカ〜リュシャンカの方向に突破をはかることにした。二月一一日、ふたたび突破が再開された。

こんどは先頭となったのは、これまで東の側面援護にあたっていた第一機甲師団となった。第一機甲師団のパンター戦車と擲弾兵は、リュシャンカの橋を奇襲した。

「キリオスク、橋へ向かえ！」

渡ろうとしたその刹那、

「ドカーン！」

大爆発が起き、間一髪、橋は爆破されてしまった。しかし、ハンス・シュトリッペル曹長のパンター戦車は、幅三〇メートルの川の浅瀬を渡った。

「アハトゥング、パンツァー！」

対岸では、一ダースものT34が待ち構えていた。

「徹甲弾、フォイエル！」

シュトリッペルのパンターにつづいた第一大隊のパンター二個中隊はまっしぐらに突進してT34を駆逐した。橋頭堡は確保され、奥行きは一キロに達した。

しかし、天は見放さなかった。一四日夕方、ついにリュシャンカ北東の橋が手に入ったのだ。ふたたび武功をあげたのはシュトリッペルだった。シュトリッペルが橋に近づくと、彼は何かを感じた。

「あそこだ、あそこにいるぞ」

「徹甲弾、フォイエル！」

彼は巧妙に偽装した二両のT34を撃破し、橋を占領した。こうして包囲網に至る最大の障害は突破された。

二月一五日、第一機甲師団と「ベーケ」重戦車連隊による、解囲攻撃が再開された。目標は前方三キロの二三九高地である。ベーケ重戦車連隊の支援を受け、フランク戦車集団は二三九高地を攻撃した。一方、敵の反撃は第一六機甲師団が引き受けた。

コルスンから脱出したドイツ兵は橇や自らの足で活路切り開いた

翌日朝、二個大隊を率いたベーケ中佐は、オクチャブルへの進出に成功した。包囲陣まではわずかに八キロを残すのみである。ベーケはみずからの目で、包囲されたドイツ軍部隊を見ることができた！　しかし、ここまでだった。周囲を制圧する高地の重要性は、ソ連軍にもわかっていた。彼らは東と南の森から戦車を繰り出して防戦にあたった。

「アハトゥング、パンツァー！」

「徹甲弾、フォイエル！」

東からT34が二〇両、南東からはT34が三〇両。シュトリッペル曹長は七両のパンターでもって、つるべ撃ちに撃ちつづけた。しかし、T34二七両が撃破され燃える残骸となった。しかし、この戦果も何になろう。戦車の攻撃も、激しい砲撃も、そしてスツーカの爆撃も、高地のソ連軍をたたき出すことはできなかった。もはやこれまで。やむを得ずマンシュタインは包囲陣からの自力での突破を命令した。

二月一七日、二三時、包囲陣からの突破が開始された。合言葉は「自由」、目標はリュシャンカ。脱出第一陣はソ連軍陣地をかきわけて、第一機甲師団の戦車のところにたどりつくことができた。しかし、後続の集団は、ソ連軍の砲火につかまった。

街道上に陣取った戦車は、主砲と機関銃を撃ちまくる。

「ズーン、ズーン」

高地上から誘導された砲火が雪原に炸裂し、そのたびに逃げ延びるドイツ兵士の一団に大穴が開く。

「バリバリバリ」

高地上から機関銃の火線が延び、一団の兵士をなぎ倒した。

脱出を援護するため最後の燃料がベーケのティーガーとパンターに集められた。

「パンツァー、フォー!」

動きだした戦車は二三九高地の南側へと突進し、牽制のため高地上を射撃しつづけた。

「包囲陣から脱出する戦友たちのために、この回廊を維持しつづけるのだ」

ベーケは部下の戦車兵たちに厳命した。

兵士たちの奮戦でリュシャンカの橋頭堡は守り抜かれ、コルスン包囲陣からの脱出を援護しつづけた。こうして脱出する最後の兵士は、二月一九日の朝に収容された。多数の兵士の生命が失われはしたものの、最終的に包囲された兵士のうちの三万五〇〇〇名が脱出に成功した。しかし、彼らが装備していたすべての重機材は失われ、六・五個師団の戦闘力は完全に失われた。そしてドイツ軍南翼には、どうにも塞ぐことのできない、危険な大穴が開いたのである……。

第９章　大平原を埋めつくしたT34の群れ

ウクライナに残存するドイツ軍を一掃する決意をかためたソ連軍は、ジューコフ元帥の第一ウクライナ方面軍など大兵力を投入して、貧弱な戦力しか持たないドイツ軍に襲いかかった！

一九四四年三月　ウクライナ解放

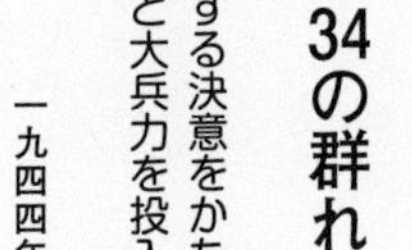

ボロボロのドイツ軍戦線

コルスン包囲戦は、ソ連軍の大勝利であった。たしかにその勝利は、スターリングラードにくらべられるほど決定的なものではなかったが、ドイツ軍は六・五コ師団をうしない、ドイツ軍の南方軍集団は、完全にその予備兵力をうしなった。

プリピャチ湿地帯からドニエプル川河口にいたるドイツ軍南翼は、いちおうの戦線を構築していたが、その実態は紙のように薄っぺらなものだった。

どこもかしこも危険であった。しかし、増援はない。マンシュタインが声をかぎりに警告を発しても、ヒトラーは耳をふさいで聞かないふりをするばかりだった。

ヒトラーは死守命令を乱発するだけで、死守に必要な兵力を送ろうとはしなかった。

「どこから兵力をまわそうというのかね?」

ヒトラーのいいぐさはもっともである。

マンシュタインは戦線を整理して予備兵力を捻出し、それで有利に戦闘をすすめようと考えていた。一方、ヒトラーは「土地は一メートルたりとも渡してはならない」と厳命する。これで話は堂々めぐりとなる。

何もできず、何もしないうちに、敵はドイツ軍戦線の弱い部分を攻撃し、貴重な兵力も土地もうしなわれる。状況は悪化するばかりだった。

コルスン包囲戦のあともお

なじだった。マンシュタインは自分でなんとかするしかなかった。

一番危険なのは、軍集団左翼のプリピャチ湿地帯からジェペトフカまでの八〇キロであった。ここを守るのは、弱体なハウフェ将軍の第一三軍団だけだった。すでにソ連軍の脅威は現実のものとなっていた。

ソ連軍は、一一月中旬には第一三軍をドニエプル～プリピャチの湿原三角地帯をこえて前進させていた。ドイツ第一三軍団は、ソ連軍の前進を遅滞するのがせいぜいで、撃退することなどできるわけがなかった。

いまやソ連軍六〇軍がロヴノ周辺地峡部に集結し、湿地帯西端の鉄道の要衝コヴェルをおびやかし、旧ポーランド国境への進出をうかがっていた。

マンシュタインはこの脅威にたいして、機甲部隊を軍集団北翼後方に移動させて、敵の突破にそなえるしかなかった。

機甲部隊がひき上げられた。タルノポリ地区の防衛のため第四機甲軍が移動され、第一機甲軍はジェペトフカ東方にうつされた。SS第一機甲師団「ライプシュタンダルテSSアドルフ・ヒトラー」はジェペトフカ南方地区に、第一、第六、第一六機甲師団はブーク河畔に集結し、第一一機甲師団は予備となった。

これは当然、ブーク川流域の中央戦区の弱体化をまねいた。そこにはほとんど機甲部隊を欠き、たびかさなる激戦で疲れはてた第八軍しかなかった。

これは新たな危険を生みだした。ソ連軍には北翼だけではなく、中央部を突破して、ベッサラビアからルーマニアに突進するチャンスをあたえられたのである。

ソ連軍は、ヒトラーがプレゼントしてくれたチャンスを無駄にはしなかった。彼らの計画はわかりやすいものだった。それは、典型的な挟み撃ち包囲作戦であった。その規模は、じつに大きなものとなった。

北翼では第一ウクライナ方面軍をもってして、プリピャチ湿地南のドイツ軍戦線を突破してポーランドに進出する一方、ドニエステルに向かって南に旋回し、ドイツ軍の後方を切断する。この作戦はプロクロフ＝チェルノウェツィ作戦と呼ばれた。

主力となるのは、ソ連軍戦車隊の名指揮官であるカツコフ将軍ひきいる第一戦車軍、バダノフ将軍ひきいる第四戦車軍、第三親衛戦車軍、そして第一親衛軍である。

中央部では、第二ウクライナ方面軍がズヴェニゴロドカ地区から、第八軍戦区を突破してルーマニアに向かって突進し、第一ウクライナ方面軍と協力して、ドニエステル東岸に残るドイツ第一、第四機甲軍を包囲してしまおうというのである。この作戦はウマン＝ホトシャンスク作戦と呼ばれた。

主力となったのは、ボグダノフ将軍ひきいる第二戦車軍、第六戦車軍、そしてロトミストロフ将軍ひきいる第五親衛戦車軍であった。作戦開始は第一ウクライナ方面軍が三月四日、第二ウクライナ方面軍は三月五日と定められた。

さらに、彼らは助攻として、はるか南のドニエプル川下流域でも攻撃をしかけることにしていた。マリノフスキーの第三ウクライナ方面軍の第五、第七親衛軍が第六軍の戦線を攻撃し、北方に救援におもむくのを不可能にしようというのである。

ソ連軍のすべての攻撃は、じつに抜け目なく計算されていた。彼らはすでに完全にドイツ軍のお株を奪う、機械化戦闘の技を身につけていたのである。

ソ連軍北翼の攻撃開始！

一九四四年三月四日朝、第一ウクライナ方面軍の攻撃が開始された。第一ウクライナ方面軍をひきいるのは、ソ連軍では伝説となる武功をたてたジューコフ元帥であった。これは前任者のバトゥーチンが、ウクライナのパルチザンに襲われて負傷したからである。

そう、ウクライナにとって、ソ連軍の前進はかならずしも歓迎すべきものではなかったのだ。その後、四月末にバトゥーチンは死亡した。

ジューコフ元帥は、第一戦車軍の司令官カツコフに言った。

「カツコフ、男をあげるチャンスだ、わかってるな」

「はい」

「よろしい」

ジューコフは地図をひろげた。彼が指さしたのは、テルノポリ地区であった。

「あとは好きにやれ」

元帥は戦車部隊指揮官にひろい自由裁量をあたえた。これはヒトラーによって、がんじが

森林地帯から平原にむけて走りでるＴ34戦車――ソ連軍の主力戦車としてＴ34はドイツ軍の侵攻からベルリン陥落まで戦いつづけた

らめに手足をしばられたドイツ軍の指揮官たちとは対称的だった。

「シュボッ、シュボッ、シュルシュルシュル」

　重砲と野砲の射撃がはじまった。つづいて、カチューシャ・ロケットがまとまって着弾する。ソ連軍の激しい砲撃で、ドイツ軍の陣地は魔女の鍋のようにわきかえった。

　北翼のソ連軍第一三軍は、ドイツ軍第一三軍団の弱体な戦線に襲いかかった。ドイツ軍戦線は、これまでに例をみないような激しい砲撃ですりきれてしまった。

　激戦のすえ、歩兵は押しだされて後退した。その南では、ジューコフの主力の四コ軍がドイツの第五九軍団に襲いかかった。

　ドイツ軍陣地からは、狙撃兵の大群が平原にあふれだす絶望的な光景が見えた。視野のおよぶかぎり、茶色いうごめく点でおおわれている。何千、何万なのか見当もつかない。ドイツ兵は大海のなかのたった一粒の滴でしかない。

たえ間なく機関銃の音が響く。そのたびに、茶色い一画がくずれ落ちる。しかし、多勢に無勢だ。戦線はここでも、あそこでも突破された。

破口からは、戦車軍の各部隊が、奔流のようにドイツ軍戦線の後方へとなだれこんだ。ドイツ軍第七機甲師団は必死に拠点を守ろうとしたが、しょせん蟷螂《とうろう》の斧であった。

車体を白く塗ったⅣ号戦車が、命中弾をあびて燃えあがった。何百両ものソ連軍戦車は、ドイツ軍戦車隊を迂回して前線の背後深くに侵入していった。

SS第三機甲師団の残余、Ⅲ号戦車三両、Ⅳ号戦車八両、ティーガー四両からなる集成戦車連隊も、少数の歩兵とともに、この戦闘の渦中にいた。

エンデマンSS大尉の指揮戦車が発進する。後からはクロスコヴィスキーのⅣ号戦車がつづく。土手にたっすると、眼前には恐ろしい光景がひろがっていた。地平線いっぱいにひろがるロシア兵の大群、その間には馬で牽かれた対戦車砲や対空砲が見える。

エルンスト・シュトレンクのティーガー戦車は土手をよじ登ると、廃墟のなかに突入して射撃態勢についた。すぐに機関銃が火を吹く。

「榴弾、フォイエル！」

八・八センチ砲がうなり、ソ連兵の蝟集《いしゅう》する平原に撃ちこまれる。命中するたびに砂塵が舞いあがり、視界を暗くする。砲弾はつぎからつぎへと撃ちだされ、空薬莢はひらいたハッチから投げ捨てられた。

ソ連兵は土手に伏せて殺戮にたえつづけたが、やがて意を決して顔をあげると、ティーガーにたち向かった。何百梃もの機関銃がティーガーに向けられた。

多数の命中弾が、間断なく装甲板をたたく。しかし機関銃弾は、ぶ厚い装甲板に傷をつけることすらできなかった。ティーガーはソ連兵の前にたちはだかり、前進をこばんだ。

戦闘がひと段落すると、ティーガーはⅣ号戦車部隊の増援を命じられた。そこではT34の大群に、Ⅳ号戦車が決死の戦いを演じていた。

ティーガーはエンジンを全開にして廃墟を突き破ると、全速力で平原を突っ走ってⅣ号戦車の防衛陣地に向かった。攻撃するT34は三～四両ではなかった。数ダースもの戦車が、平原にあふれだしてくる。距離は一四〇〇メートル。一番ちかい敵戦車は、炎をあげて燃えている。しかし、そこここで友軍戦車も爆発し、紅蓮の炎を吹きあげていた。

冬の東部戦線で戦うため白い迷彩をほどこしたⅣ号戦車

ティーガーは射撃位置につくと、すぐさま射撃をはじめた。

「徹甲弾、フォイエル！」

砲弾がつぎつぎに撃ちだされ、敵戦車に吸いこまれた。八・八センチ砲弾の命中で、T34はたちまち爆発して吹き飛んだ。

一〇両、一二両、それ以上のT34が撃破されると、敵はまわれ右をして撤退した。こうしてティーガーは最後の瞬間まで戦線を保持した。

それにもかまわず、ソ連軍の戦車は第九六、第二九一歩兵師団の陣地の脇を素通りして南西に猛進する。SS第一機甲師団LAHは反撃に出動したものの、どうすることもできなかった。

ドイツ軍の破口は五〇キロにもひろがり、数百両のソ連軍戦車はテルノポリ方面へと進出したが、そこには、この大群を押しとどめることができるような何物も残されていなかった。カツコフの第一戦車軍は、狙撃兵部隊を置きざりにして最大速力で前進をつづけた。彼は、ボイコ中佐の指揮する予備の第六四親衛戦車旅団を先鋒として進発させた。彼らの任務は、チェルノウェツィを占領することである。

ボイコはたった七時間で約八〇キロを走破し、ドニエステル川に到達した。そして、なんと戦車で夜襲をかけて、チェルノウェツィの北にあるモシーの鉄道駅を占領したのである。

一方、第四戦車軍も四日までには、ドイツ第四機甲軍戦区と第一機甲軍戦区を結ぶテルノポリ〜プロスクーロフ鉄道線に到達した。ただし、彼らはさらにヴォロシースク方向への攻撃を命じられていたが、燃料の不足のため、すぐには動くことができなかった。第三親衛戦車軍もまた、五日にはナルケヴィチの鉄道駅を占領し、テルノポリ〜プロスクーロフ鉄道線を切断した。

こうしてドイツ軍の第四機甲軍は、完全に二つに分断されてしまった。第一三軍団は西と北西に追い払われ、第五九軍団の第九六、第二九一歩兵師団は東の第一機甲軍戦区へと押しこまれた。

しかし、なんとかドイツ軍は持ちこたえることができた。マンシュタインが北翼背後に控置していた第四八機甲軍団と第三機甲軍団が駆けつけたのである。

第四八機甲軍団は西に後退する友軍を収容し、整然とテルノポリへと後退し、第七機甲師団とSS第一機甲師団LAH、そして第六八歩兵師団の一部はハリネズミの陣をはった。

第三機甲軍団は、ソ連軍の突破をなんとか押しとどめた。突破された第五九軍団は、第一機甲師団とベーケ重戦車連隊の反撃により、なんとか態勢をたてなおすことに成功した。しかし、それはほんの一時的であったが……。

なだれこんだソ連戦車群

三月五日朝、こんどはコーニェフ将軍の第二ウクライナ方面軍の攻撃が開始された。

じつは、この攻勢はソ連軍にとっても苦しいものであった。コーニェフは攻撃に、四一五両の戦車と二四七両の自走砲しか投入できなかったのだ。ドイツ軍よりはましとはいえ、あいつぐ戦闘で、ソ連の戦車軍も完全に戦車不足におちいっていたのである。

ボグダノフの第二戦車軍も、たった二三一両の戦車と自走砲しかなかった。それでも彼らは、第二ウクライナ方面軍の機甲衝角をつとめなければならないのだ。

戦車不足をおぎなうため、参謀長のラドジーフスキーは砲兵射撃の計画づくりに、多大の注意をはらった。さらに、できうれば攻撃の主要戦区に、航空支援を得られるようはたらきかけた。

第二戦車軍は三月五日、第二七軍戦区に前進して進撃命令を待った。

耳をつんざく轟音とともに、攻撃開始を告げる激しい砲撃が開始された。数千もの砲と迫撃砲が、一斉に射撃を開始したのである。

「ピカッ、ピカッ」

前面のドイツ軍陣地に着弾した。すこし遅れて爆発音が聞こえる。

双眼鏡をにらんでいたボグダノフが命令をくだす。

「出撃！」

エンジンをかけて待機していた戦車は、解きはなたれた猟犬のように飛びだした。第八軍のヴョーラー将軍には、この攻撃にたいして打つ手はまったく残されていなかった。弱体な戦線は、ソ連軍の戦車によってまさに蹂躙するにまかせられ、軍はちりぢりになって戦線には大穴があいた。

第二戦車軍はウマンの北でドイツ軍戦線を突破し、ドイツ軍戦線後方へとなだれこんだ。前進するなかで戦車軍偵察部隊は、ブーカとべレベフカの近辺でゴルニイ・ティキチ川にかかる無傷の橋を発見した。ドイツ軍が破壊する前に橋を奪わねばならない。

第一六および第三の二コ戦車軍団から抽出された部隊に、戦闘工兵と機械化歩兵が配属されて急襲部隊が編成された。彼らは撤退するドイツ軍の後尾に追いつき、七日の夜には川に到達した。

いそいで川を渡ると橋を奪取し、小さな橋頭堡を確保することに成功した。第一六戦車軍団の部隊が奪取したブーカの橋は、ほんのわずか損傷をうけているだけだった。橋はすぐに修理され、夜のうちに第一六戦車軍団の全部隊が対岸に渡ることができた。

一方、第三戦車軍団が奪ったべレベフカの橋は、かなりの損傷をうけていた。ボグダノフは第三戦車軍団に橋をあきらめるよう命令し、川に沿ってブーカの橋に機動するよう命じた。

第三戦車軍団はブーカで川を渡ると、ほんらい彼らにあたえられた戦区へと機動を再開した。三月五日から七日までの三日間で、戦車、狙撃兵部隊は、航空、砲兵の支援をうけて、ドイツ軍の防衛線深く侵入し、ドイツ軍をゴルニイ・ティキチ川に追いやった。

第五親衛戦車軍は、やはり二二一両という少数の戦車と自走砲で攻撃を開始した。それにもかかわらず、彼らは第四親衛軍戦区で突破をおこない、ウマーニ方向へ進出し、攻撃初日にゴルニイ・ティキチ川に到達した。そして第六戦車軍も、ドイツ軍よりも泥沼と戦いながら前進をつづけた。

こうして進撃をつづけた第二、第五親衛、第六の三コ戦車軍は、ゴルニイ・ティキチ川を渡るため、ブーカの橋頭堡へ集結した。中央に第二戦車軍、右翼は第六戦車軍、左翼には第五親衛戦車軍が配置された。

川の南岸のドイツ軍の抵抗を排除したのち、第二戦車軍はジェルードコフの南および南西の鉄道線に沿って、ポムタシュ地区に向かって戦いすすんでいった。

三月一〇日、第二戦車軍は第五親衛戦車軍、第五二軍とともに、ウマーニを占領した。

攻撃はさらにつづけられ、部隊はブーク川へ突進した。第二戦車軍は戦車に狙撃兵と工兵を袴乗させた急襲部隊を編成して、ドジューリンケの南にある南ブーク川の橋を奪取するために派遣した。

三月一一日午後一一時、急襲部隊は川に向かう攻撃を開始した。川幅は九〇メートルあり、深さは二メートルあった。

ドイツ軍はすでに橋を爆破していた。部隊は渡河装備を持っていなかったため、川を渡ることができずに立ち往生してしまった。かつてドイツ軍が潜水戦車で渡ったようなまねは、ソ連軍にはできなかった。

彼らは川を前に、ほとんど二四時間も停止することをよぎなくされた。

彼らには潜水戦車のような先進装備はなかったものの、創意工夫の才があった。彼らはあちこちから集めた資材でもって、筏《いかだ》を作りだしたのである。夜のうちに戦車軍団の機械化歩兵部隊が川を渡り、対岸に橋頭堡を確保した。

ドイツ軍はなんとかして橋頭堡の機械化歩兵を排除し、ブーク川南岸の防衛線を回復しようとこころみた。橋頭堡をめぐって激しい戦闘が開始された。ドイツ軍の反撃を撃退するためには、どうしても戦車が必要であった。

Ⅲ号戦車を使ったドイツ軍の潜水戦車の実験はみごとに成功した

だが、戦車を筏で渡らせることはできない。また戦車軍には、ドイツ軍の破壊した橋を修理するために、十分な工兵が配備されていなかった。

方法はたったひとつしかなかった。戦車に川を渡らせるのだ。渡渉地点が選ばれ、マーカーが立てられるとともに、土手が削られ、川にはいるための斜路《ランプ》が作られた。

しかしである。川はT34が渡渉できる水深を越えていた。どうするのだ。やはりここでも、創意工夫の才が発揮された。なんと、現地改造で潜水戦車を作りあげてしまったのだ。

戦車のハッチや視察口はとじられ、開口部には栓がさしこまれてグリースが注入された。排気管はキャンバスの筒で延長され、上方にみちびかれた。給気口は砲塔上のハッチを通じてもうけられた。

じつはこれは、一九四三年一〇月にクラウチェンコの第五親衛戦車軍団が、デズナ川を渡るために使用した方法だった。

三月一二日の午後遅く、七両の戦車が川を渡った。彼らは橋頭堡から出撃し、ドイツ軍を完全に奇襲して撃退することに成功した。残りの戦車は、ようやく修理された橋をとおって、ブーク川の南岸に渡りはじめた。

第二戦車軍の攻撃はつづけられた。三月一四日、戦車軍はドイツ軍を積極的に追跡して、ドニエステル川への突進を開始した。

ボグダノフはふたたび、行軍しながら川を渡ることを決意した。抽出された兵力から先遣隊が作られ、川を渡るために大いそぎで進撃させた。

ボグダノフは幕僚とともに、進撃する第一六戦車軍団の先鋒へと飛んだ。彼は軍団長をつかまえると報告を求めた。軍団長は燃料と弾薬の不足を訴えた。

ボグダノフは問うた。

「それで、君は前進をつづけるために、どうやっているのかね」

軍団長は答えた。

「後方には修理がなった戦車が二〇両あります。私はPo－2(連絡機)で幕僚を送って、彼らに燃料と弾薬を満載して、大いそぎで前線に進出するよう命じました。彼らはそれを第一五自動車化狙撃兵旅団にとどけたのち、自身は旅団の増援にあたります」

「よろしい、それでいつ進撃は再開されるのだね」

「明日の朝です」

ボグダノフには不満だった。明日の朝では遅すぎる。ボグダノフは命令をくだした。

「すぐに進撃を開始するんだ」

こうしてつぎの朝までには、旅団はドニエステル川の東岸に到達することに成功した。

これはかつてのドイツ軍ばりの電撃戦であった。

カルパチア前面のロシア最後の川であるドニエステル川。川幅は二五〇メートルもあり、ドイツ軍最後の防衛線でもあった。

しかし、一八日が終わるまでに、第一五自動車化狙撃兵旅団は川の西岸に橋頭堡を確保し、追従する戦車軍部隊はドニエステル川を渡りはじめたのだ。

こうして北と東のソ連軍部隊は、その歩みをはやめ、しだいにドイツ軍の破局が近づきつつあった。

第10章　包囲された独第一機甲軍の命運

ウクライナ解放まであと一歩となったソ連軍のつぎの目標はドニエステル川北方のドイツ第一機甲軍となった。行動を早めた第一、第二ウクライナ方面軍は包囲網完成を着々とすすめた！

一九四四年三月二一日〜四月六日　ウクライナ戦線の崩壊

ソ連第一戦車軍、南方へ

一九四四年三月はじめに開始されたソ連軍のウクライナ大攻勢では、ロヴノ、ジェトペフカ周辺から出撃した第一ウクライナ方面軍機械化部隊が、ドイツ第四機甲軍の戦線を突破して、ドニエステル川へと前進した。これはソ連軍の電撃戦でもあった。

両方面軍がこのまま前進をつづけ、がっちりと握手をすれば、取り残されたドイツ第一機甲軍はまるまる包囲されて殲滅される。ふたたび巨大な兵力が消えてなくなり、戦線には、それこそふさぐことなど完全に不可能な大穴があく。

南部戦線は、まさに崩壊の危機に瀕していた。これこそが、ドイツ南方軍集団司令官のマンシュタインが恐れていたものであった。

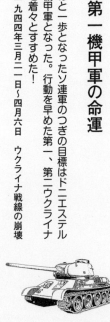

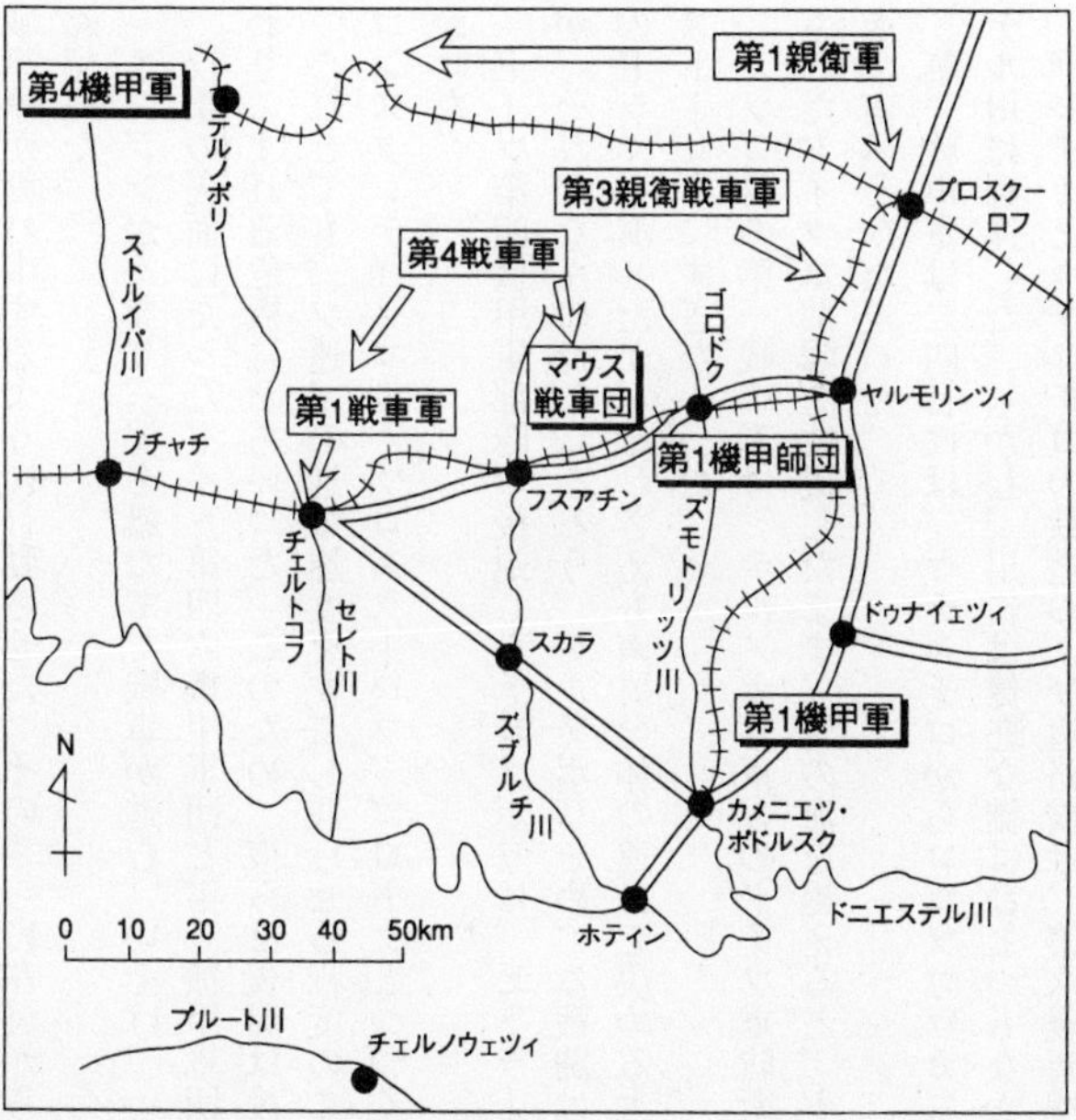

いまやドイツ軍には、名将マンシュタインをもってしても、まったく打つ手は残されていなかった。突破したソ連軍戦車を押し止どめようにも、どこにも予備兵力はなかった。

ヒトラーは何もくれない。だからない袖は振れない。マンシュタインは打ち出の小槌を持っていたわけではないのだ。破局は刻一刻と近づいていた。

第一ウクライナ方面軍のジューコフは、第一戦車軍を右翼に、ひたすら南に突進させた。中央と東隣りの第四戦車軍はドニエステル川から東に旋回し、その左翼を第三親衛戦車軍がカバーするように行動させた。そのさらに左翼からは、第一親衛軍がやはり南に進んでいた。

エンジンがうなり、泥を蹴たてて戦車が進む。いそげ、いそげ。

攻撃の矢面にたったドイツ第四六機甲軍団と第三機甲軍団は激しく抵抗したが、側面にまわりこまれる危機におちいった。このため、彼らは夜間は後退して、昼間は戦いつづけた。

これとても、ソ連軍の進撃速度をすこし遅らせる程度のことしかできなかった。スタロ・コンスタンティノフカ、プロスクーロフ、ゴロドクとつづく激戦も、戦況を変えることはなかった。

ドイツ第四機甲軍部隊が後退したテルノポリは、ヒトラーによって要塞都市と命名されたが、それがなんのたしになろう。テルノポリをめぐる戦闘は、きわめて激しく、もうひとつのドラマを演じたが、それさえも南翼全体の運命を決める大戦闘のなかでは、ほんのサイドストーリーにすぎなかった。

カツコフの第一戦車軍は、テルノポリ東方のドイツ軍防衛線をすり抜けると、各所に寸断されたドイツ軍部隊を放置したまま、泥の海を越えると、ドニエステル川の支流を越えて、南へ南へとひた走った。

第一戦車軍は二四日には、ウチェチコからコロブロウカにいたる三五キロの幅でドニエステル川に到達した。しかし、川には健在な橋はひとつもなかった。

ザレチカとウチェチコの鉄道および道路橋は、第八親衛機械化軍団の先鋒をつとめた第一

雪原にあらわれたソ連戦車群は、車体に白い迷彩をほどこし、白い防寒コートをまとってドラム式弾倉の軽機をもった歩兵を乗せる

親衛戦車旅団の前進するなか、爆破されてしまったのだ。戦車軍は浮航装備をいっさい保有していなかった。

第三浮橋旅団が配属されていたが、彼らは泥沼の街道上、はるか後方に置き去りにされてしまっていた。軍、そして軍団の工兵大隊では、この橋をすばやく修理することはできなかった。

歩兵はとりあえず、あちこちの周囲からかき集めた資材で川を渡りはじめ、対岸に橋頭堡をきずくことに成功した。

彼らは戦車の支援を必要としていた。というのも、この橋頭堡は、すぐにドイツ軍の知るところとなるだろう。そうなれば、ドイツ軍は反撃部隊を呼びよせて、脆弱な歩兵部隊を撃退してしまう。

早く戦車を渡さねば。しかし、戦車は歩兵のようにはいかない。ここでのドニエステル川の幅は一〇〇から二〇〇メートルもあり、深さは二・二メートルを越えていた。

戦車は、そのままでは渡ることができない。どうするか。そう、例の方法である。簡易潜水戦車の出現である。

戦車兵は大いそぎで戦車の隙間やハッチをふさぐと、キャンバス布で排気管を延長した。最初に第一親衛戦車旅団の戦車が渡り、その後に第六四独立親衛戦車旅団がつづいた。そして、第八親衛機械化軍団の戦車連隊が渡った。

渡渉は簡単にはいかなかった。第一一親衛戦車軍団の渡渉地点では、川の深さは二・五メートルに達していたのである。

カツコフは戦車軍団の渡渉の遅れをおぎなうべく、部隊の再集結をいそがせた。ウチェチコの第八親衛機械化軍団の渡渉地点に、すべての戦車が集められ、戦車と歩兵が組み合わされて、すぐに戦闘に投入された。

第四戦車軍の進撃つづく

一方、補給の不足のために停止した第四戦車軍は、どうなっただろうか。

第四戦車軍司令官レリューシェンコは、部隊に燃料、弾薬を空輸によって補給しようとした。三月一三日、最前線の第一〇戦車旅団司令部を訪問した第四戦車軍司令官レリューシェンコは、旅団長に約束した。

「ガソリンでも、軽油でも、どこにいても空から補給しよう」
彼が司令部を去ると、まもなく小型の複葉機が空を埋め、必要な物資を投下しはじめたのだ！

複葉機のポリカルポフPo-2は医療救難機や輸送機としても使用された

こうして第四戦車軍のドニエステル川への進撃が開始された。グシャチヌを包囲し、カメニエツ・ポドルスクへ二〇キロにまで近づいた。戦車軍は進撃路上で五五両のドイツ戦車を捕獲した。そのなかには、一五両のティーガーと一〇両のパンターがふくまれていたという。

しかし、進撃はふたたび停滞しはじめていた。補給の途絶である。戦車部隊でも難渋する泥沼を、補給部隊のトラックは、とても追いかけることなどできなかったのである。

スターリンはこれを許さなかった。彼はどうしても第一、第二ウクライナ方面軍が包囲を完成し、ドイツ第一機甲軍を殲滅することを求めていた。

三月二一日、補給をおえた部隊により攻勢が再開された。

「ズーン、ズーン」

前方のドイツ軍陣地に砲撃がくわえられる。空からは爆撃機が爆弾を投下する。短い砲撃、爆撃のあと、戦車は前進を開始した。第四戦車軍は、すぐにドイツ軍の急造陣地線に穴をうがつことに成功した。

ドイツ軍は、彼らの突破をなんとかくい止めようと、三たび反撃にでたが、そのたびにむなしく撃退された。ついに第四戦車軍は、突破口から南へと進撃を開始した。

第一〇親衛戦車軍団は、午後遅くにはグジマレフ村を、そして第六戦車軍団はオクノ村を包囲した。だが、春の「ラスプチァ」の泥沼は、攻勢のテンポをおおはばに低下させた。

第四戦車軍の戦区では、良好な道路は、それでも地面が砂利でおおわれただけだが、チェルトコフに通じるたった一本しかなかったのである。

ここでも根本的な問題は、あいかわらず燃料、弾薬の補給であった。戦車の主砲弾さえ不足する状況下で、作戦の進捗にさえ陰をおとしていた。

戦車に燃料、弾薬を送るため、すべての手段がとられた。あらゆる車両はもちろんのこと、馬や牛さえ使われたのである。戦車の電撃戦に貢献した牛馬とは、またなんともこっけいな話だ。

補給基地からはるかに離れた先頭の戦車部隊への補給には、ポリカルポフPo－2複葉機があたり、指定地域に燃料、弾薬を収容したコンテナを投下した。

第四戦車軍は、カメニエツ・ポドルスクに向かって、急速に前進しつづけた。特筆すべきは、こうした急進撃を、司令官のレリューシェンコが無線により指揮統制しつづけたことである。ソ連軍は、もはやかつてのソ連軍ではなく、ドイツ軍に負けない能力を取得していたのである。

三月二四日、チェルトコフ地区で戦車軍は、方面軍司令官から積極的な攻勢を発起し、二五日までにカメニエツ・ポドルスク地区を占領するよう命じられた。第四戦車軍はドイツ第一機甲軍の主力を迂回するように機動して、二六日、実際にカメニエツ・ポドルスクの占領に成功した。

こうして第四戦車軍は攻撃開始いらい、じつに一五〇キロもの進撃をなしとげたのである。ソ連軍は、ドイツ南方軍集団の背後深く侵入することに成功した。ドイツ第一機甲軍は、西方との連絡を完全に断たれてしまったのである。

総統とマンシュタイン

ヴィニツァとウマーニの間で攻撃を開始した第二ウクライナ方面軍機械化部隊は、第一ウクライナ方面軍よりもはるかに快調に進撃することに成功していた。

彼らはコルスン包囲戦の傷のいえない第八軍の薄っぺらな戦線を、あっというまに蹴散らすと、ブーク川を越えてさらに南下をつづけ、ドニエステル川を渡った。

ブークからドニエステルまでの二四〇キロを、じつに四日間で走破したのだ。三月一八日がおわるまでには、ドニエステル川の橋頭堡をかため、主力の渡河がすすめられた。つぎの目標はプルート川である。

第二戦車軍と第六戦車軍は、ヤッシュをめざして進撃をつづけた。包囲網を閉じろ。南に逃げるドイツ軍を包囲殲滅するのだ。

三月二三日、ドイツ軍のマンシュタインは第一機甲軍にたいして、ソ連軍のズブルチ川に沿っての南下をおし止どめ、シェルトコフ〜ヤルノビンツィ鉄道線の支配を再度確保し、軍の防衛線をトレンボルヤでセレト川まで延伸するよう命じた。しかし、第一機甲軍司令官のフーべは、これを実行できなかった。

当然である。第一機甲軍は帳簿上、二二コ師団もの戦力を持っていたが、その実態はお寒いかぎりだった。戦車も自走砲も兵員も、定数をはるかに下まわる数しかなく、補給も途絶していた。同軍には、空中から補給しなければならなかった。

スターリングラードいらい、軍が包囲されるたびにとられた方法だが、これがうまくいくはずもなかった。三月下旬は天候が悪く、後退作戦のために飛行場を、毎日移動しなければならなかったからだ。

でも、ソ連軍も空中補給で機動していたはずではないか。

それはそうだが、両軍には大きな違いがある。ソ連軍の空中補給は先頭部隊を前進させるためだけで、その補給量は知れたものである。待っていれば、じきに地上ルートで補給はきた。だが、ドイツ軍はまるまる一コ軍を、空中補給だけでやしなわなければならないのだ。

フーベは、戦車と自走砲のための燃料を確保するため、不要な荷物はすべて捨てるよう命令していた。資材も物資も書類も、当座必要でないものはすべて捨てられた。とにかく戦闘車両が動きつづけて、敵の進出を叩きつづけなければ、軍の命運はつきるのだ。

フーベはなんとか機動力を維持しつづけ、北と北西でソ連軍の進出をくい止めつづけた。しかし、それ以上は不可能である。

二三日、マンシュタインはレンベルクの戦闘指揮所から、ヒトラーに増援を要請した。すでに第四機甲軍と第一機甲軍との間隙は八〇キロにも達している。

増援兵力によって、西からソ連軍の側面を衝き、第一機甲軍を救出するしかない。二四日に届いたベルヒテスガーデンの鷲の巣に陣どったヒトラーからの返答は、マンシュタインを思いきり失望させるものだった。

「第一機甲軍はブーク河畔の戦線を保持し、切断された後方連絡線を自力で回復せよ！」

ヒトラーは、またも決断を先のばしにしようというのだ。そんなことができるくらいなら、苦労はしない。

マンシュタインはこれを聞いて、烈火のごとく怒った。これは気違いざたの命令だ。このままではスターリングラード、そしてコルスンと、何度もくりかえしてきたことの二の舞となる。マンシュタインはすぐさまヒトラーに電話をした。

電話に出たのはツァイスラー将軍だった。

「死守しながら、第四機甲軍との亀裂を埋めることなど不可能だ。総統にお伝え願いたい。

一五時までに増援部隊をよこすよう確約されなければ、第一機甲軍に脱出命令を出すつもりだ、と」

ついにマンシュタインは、最高司令官であるヒトラーに、勝手にやることを通告したのである。

一五時、ヒトラーからの答えはなかった。一五時半にマンシュタインは、第一機甲軍の脱出準備命令を作成した。事態は刻一刻と悪化していた。

一六時、やっとヒトラーからマンシュタインに連絡がはいった。ヒトラーは押しきられ、第一機甲軍が西方へ連絡をつけることを承認した。

だが、全体としては、これまでの戦線を維持することを求めた。結局、どうしろというのか。

「脱出しながら守るとは、どうやるのか教えてもらいたい」

マンシュタインはヒトラーに最後通告をした。

「総統命令の実行は無理」

三月二四日一七時三五分、マンシュタインは第一機甲軍への脱出準備命令を発令した。

三〇分後にこれを知ったヒトラーは、ふたたびマンシュタインを呼びつけた。

二五日、マンシュタインはベルヒテスガーデンにおもむいた。またも議論は堂々めぐりだった。

マンシュタインは説明した。第一機甲軍はソ連軍二コ軍のあいだを抜けて西方へと脱出し、第四機甲軍と合流する。そのためには、第四機甲軍が増援を得て迎えにでる必要がある。ヒトラーによれば、増援の兵力などはなく、第四機甲軍が増援とともに迎えにでることは不可能。だから、脱出は不可能となる。

議論のための議論、反対のための反対であった。

「第一機甲軍は現在位置にとどまり、自力で後方との連絡を回復するのだ」

すべての議論は無駄であった。ヒトラーのもとを去ると、マンシュタインは脱出計画が認められぬなら、軍集団司令官の任を解かれるよう求めた。

逃げだした独第一機甲軍

ヒトラーとマンシュタインが不毛の議論をくりかえす間に、前線の状況はほとんど取りかえしがつかぬほどに悪化していた。ついに二五日には、ソ連軍はカメニエツ・ポドルスクとホティンをおびやかしたのである。

これは第一機甲軍司令部をゆさぶった。彼らは危険をおかして西への脱出——いや、これはもはや脱出ではなく、敵戦線の突破なのだ——することを嫌がり、まだソ連軍によって完全には閉塞されていない、南へ脱出することを求めてきたのである。

そこには、まだたいした敵は進出しておらず、一〇〇キロにわたって、わずかな偵察部隊がいるだけだった。もうひとつ、ドニエステル川を渡らなければならなかったが、すでに河畔には工兵大隊と架橋部隊が集結していた。南へは安全に脱出できるだろう。

これにたいして西への突破は、コルスンのときのような、多大な出血をともなうことになるのは、火を見るよりもあきらかだった。

「西」から「南」に方向をかえることは、だれが見ても当然に思えた。しかし、これは第一機甲軍にとっての話で、マンシュタインにとっては違った。

もし、第一機甲軍が南に脱出してしまえば、第四機甲軍の戦線とA軍集団の戦線との間隙は、ますます広がってしまう。何もない、本当に何もない間隙を衝いて、ソ連軍は容易にガリチアに突進することができるのである。

それに第一機甲軍にとっても、南への脱出は一時的な解決策にすぎなかった。彼らを追ってソ連第一、第二ウクライナ方面軍は南に急進撃をつづけており、南に逃げても、そのままカルパチア山脈に押しこまれてしまうからだ。

補給路とてないカルパチア山塊のなかでは、機甲軍はいずれ補給不足で壊滅するだけの話である。

ヒトラーは、ついにマンシュタインに折れた。第一機甲軍の西方への脱出を許可し、SS第二機甲軍団をフランスから、第三六七歩兵師団、第一〇〇猟兵師団をハンガリーから引き抜いて、第四機甲軍に増援として送るというのだ。

三月二六日午前二時五〇分、第一機甲軍にたいして脱出命令が出された。

「西へ突破せよ」

突破のため、機甲軍は南北二つの機甲突撃集団を編成した。もっとも、戦車はほとんど残っていなかった。

絶望的な数字がある。三月末の第一機甲軍の戦車、対戦車砲の保有数である。第一機甲師団、戦車〇両、対戦車砲〇門。第六機甲師団、戦車四両、対戦車砲四門。第一一機甲師団、戦車九両、対戦車砲四門。第一六機甲師団、戦車一一両、対戦車砲九門。第一七機甲師団、戦車〇両、対戦車砲〇門。第一九機甲師団、戦車〇両、対戦車砲五門、第二〇機甲擲弾兵師団、戦車〇両、対戦車砲一〇門。SS第二機甲師団ダス・ライヒ、戦車〇両、対戦車砲九門。

これが機甲軍だというのだ。それはともかく、突破は開始された。

北方集団はフォン・デア・シュバルリー将軍がひきい、北翼をかためるとともに、ズブルチ川に橋頭堡をきずき、それからセレト川の渡河点を確保する。南方集団はブライト将軍がひきい、カメニエツ・ポドルスク地区の敵を破るとともに、ズブルチ川をオコプで渡る。ゴルニック戦闘団は、ドニエステル川南方で敵の突破をふせぎ、ホティンでは小部隊が撤退のため、ホティンのドニエステル川渡河点を守りつづけた。

シュバルリー集団の攻撃は開始された。主力は第六、第一一、第一九機甲師団で、のちに第一六機甲師団もくわわった。彼らはヤルノビンツィの南西を攻撃して、まずズモトリッツ川畔で敵中に孤立していた第一機甲師団、そしてズモトリッツ川とズブルチ川のあいだにあるマウス戦闘団との連絡を回復しようとした。

三月二七日の夕方には、敵が南方に攻撃をつづけていた間隙は、まだかたく閉じられたものではなかった。二八日は霜が降り、道路状況はすこし改善された。

先鋒部隊は、第一機甲師団とマウス戦闘団との連絡を回復した。二九日にはスカラで無傷の橋が手にはいり、ズブルチ川に橋頭堡を確保することができた。

ブライト集団地域では、第一七機甲師団、第一、第三七一歩兵師団が、カメニエツ・ポドルスク地区の攻撃を開始した。二七日の夕方には、第一七機甲師団はカメニエツ・ポドルスクの北に達し、ズモトリッツで無傷の橋を確保した。

ゴルニック戦闘団はホティンの橋頭堡を通って北に向かい、ブライト集団との連絡を回復した。攻撃は南北にならんだかたちから、シュバルリー集団が先行し、ブライト集団がつづく、東西にならぶかたちになった。

突破部隊に不足した燃料、弾薬は、輸送機によって運ばれた。三月三〇日には一四機のユンカースＪｕ－52が降り、八トンの補給物資が得られた。十分な量ではないが、仕方がない。

四月一日には五七機が降り、七五トンが得られて、すこし状況は改善された。彼らは夜に飛行した。夜ならばソ連軍の戦闘機につかまらない。

攻撃は意外にも順調に進捗した。その最大の理由は、ジューコフがドイツ軍の西への突破を予想していないことだった。彼らは西で包囲の環をかためようとせず、南に兵力を集中したのである。

「戻れ、北へもどるんだ」

しかし、遅すぎた。ジューコフがブライト集団の側面を衝くために呼びよせることができ

凍てついた大地につくられた滑走路を利用してJu-52輸送機が運行された

たのは、第一一親衛戦車軍団ただひとつだけだった。

　四月一日、シュバルリー集団は、リソウスでセレト川の橋頭堡を確保し、ソ連軍戦車の反撃を撃退した。ブライト集団もズブルチの橋頭堡から西に移動した。

　二日は雪になった。いまや雪はドイツ軍の味方だった。雪ならばソ連空軍機が飛べないからだ。航空優勢は、すでにソ連軍のものとなっていた。

　三日、あらたな脅威があらわれた。第一機甲軍がたたんだ北の戦線から、ソ連軍が圧力を強めてきたのである。

　いそげ、いそげ。早く西に脱出しなければ……。

　毎日毎日、後方から追いすがるソ連軍部隊の数は増えつづけていた。救援の第四機甲軍は、どこまできたのか。前線の兵士は知らなかったが、司令部には連絡がはいっていた。救出部隊とはストルイパ川畔のブチャチで握手できるはずだった。

四月四日、凍結により動きやすくなった。ふたつの集団はセレトから北西にストルイパ方向に攻撃した。

第一機甲師団はチェルトコフで激しい戦闘にまきこまれたが、第七機甲師団は敵戦車と歩兵を蹴散らしてチェルトコフ〜ブチャチ街道を前進した。四月五日、無線がはいる。

「SS機甲軍団は西方、ブチャチに進出しつつあり」

本当にきたのだ。

四月六日、第六機甲師団は東からブチャチに突きすすみ、西からブチャチに前進してきたSS第一〇機甲師団フルンツベルクの兵士と握手をかわした。こうして二週間にわたって包囲された第一機甲軍は友軍との連絡を回復し、二〇万人が脱出することに成功したのである。

【第3部　ノルマンディーの戦い】

第11章　独戦車連隊への遅すぎた出撃命令

ヒトラーの悪夢「連合軍の大陸反攻」にそなえて英仏海峡の防備をかため、名将ロンメルを指揮官に送り込んだが、実際に英米軍が大上陸作戦を敢行したのはノルマンディー海岸だった！

一九四四年六月六日　ノルマンディー上陸作戦発動

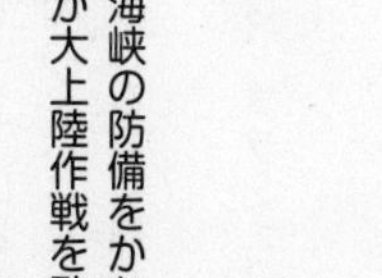

一九四四年夏、フランス

一九四〇年六月、西方電撃戦でフランスが降伏してから、フランスはドイツ軍にとっては平和な後背地となった。フランスには多数の部隊が駐屯し、また休養、再編成のために送りこまれた。

彼らは暖かい気候のもと、おいしいワインに舌つづみをうち、安穏な生活をつづけていた。ドイツ軍にとって、さしずめフランスは高級リゾート地のようなものであった。

一九四一年六月に開始された独ソ戦の結果、はるか東方では、文字どおり血で血を洗う激

戦がつづけられていた。前線では一人でもおおくの兵士、一両でもおおくの戦車が必要とされていたが、ヒトラーはなかなかフランス駐屯部隊を手放そうとはしなかった。

それは、彼がひとつの脅迫観念にとりつかれていたからである。それこそが、米英連合軍による大陸反攻であった。

実際、ドイツ軍の猛攻にさらされていたソ連のスターリンは、西側連合諸国にたいして、声をかぎりに第二戦線をもとめていた。だが、米英連合軍にとっても、大陸反攻は容易な任務ではなかった。

このため、一九四二年にも、そして四三年にも、彼らが来ることはなかった。ヒトラーはありもしない影に脅えつづけ、その結果、当時ロシアで緊急に必要とされた貴重な兵力は、無為に時をすごしたのである。

そう、彼らは本当に無為にすごしていた。というのも、ヒトラーは貴重な兵力をはりつける一方で、フランスの防備そのものには、それほど本気で関心を示さなかったからである。

たしかに彼は、占領下の大陸沿岸に「大西洋の壁」とよばれる要塞線をきずいたことを豪語していた。しかし、その実態はどうだったのか。

ドイツ軍はフランス降伏から間もない一九四〇年九月から、フランス沿岸に砲台の建設をはじめた。

この「大西洋の壁」と名づけられた要塞線の建設が、ヒトラーから正式に命じられたのは、それから一年半もあとの一九四二年三月二三日のことであった。さらに、建設プランがまと

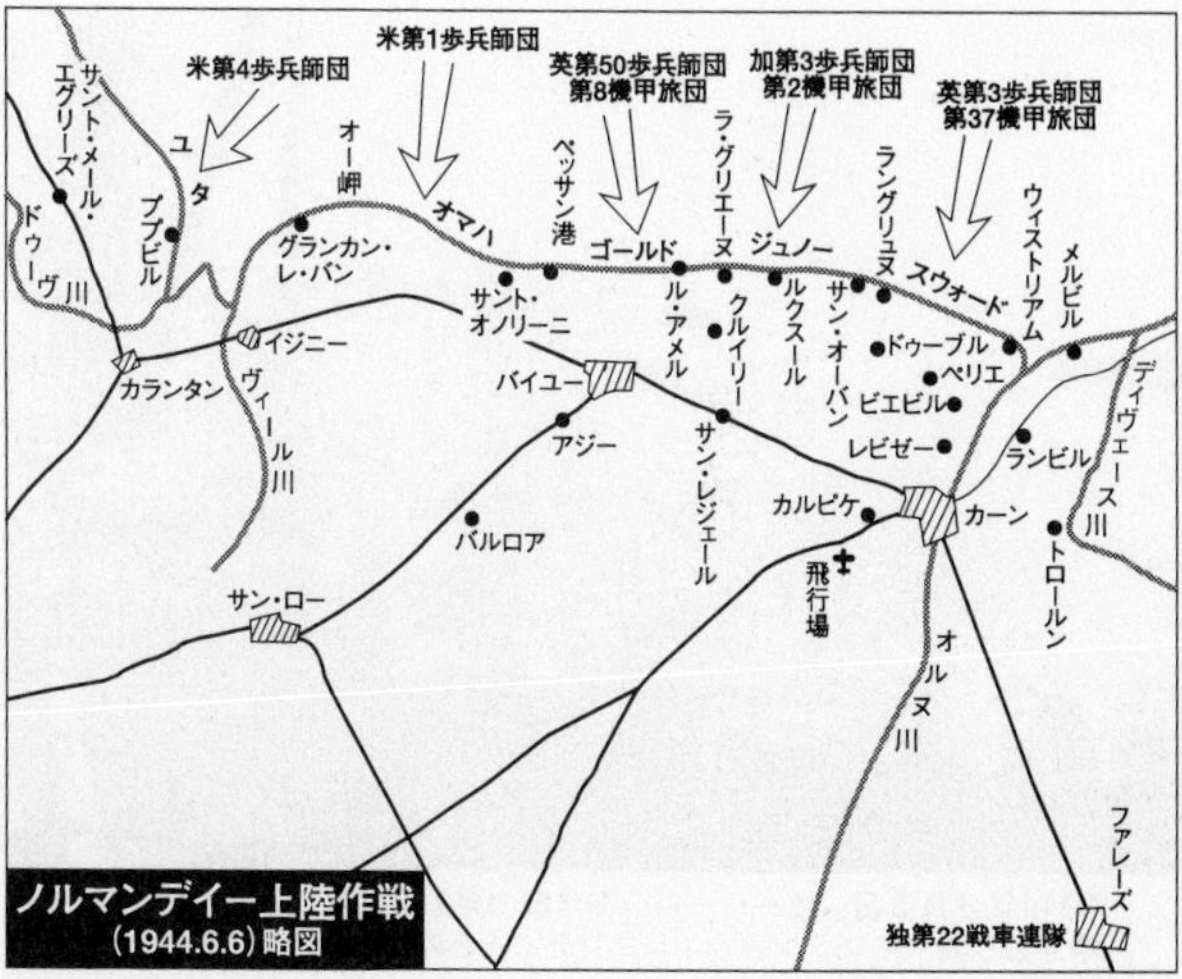

ノルマンデイー上陸作戦
(1944.6.6)略図

められたのは、半年後の九月二九日のことであった。

このプランによれば、一九四三年の夏までに、海岸線一マイルあたり一五から二〇のトーチカが建設されることになっていた。

実際には、一九四三年七月までに完成したのは、計画された一万五〇〇〇ヵ所のうちの、なんとたった八ヵ所にすぎなかった。しかもヒトラーは、その建設努力を連合軍の上陸地点と信じこんでいたパド・カレー地区に集中したのである。

そこには三万一〇〇〇コの地雷をふくむ五一万七〇〇〇ヵ所もの障害物が設置された。一方で、実際に連合軍が上陸することになったノルマンディーには、おざなりの努力しかふりむけられなかった。

遅まきながらこの状況が変わったのは、一九四三年に、アフリカ軍団をひきいてイ

1944年6月6日、オーバーロード作戦の発動により、一気に英仏海峡をおし渡ってフランスのノルマンディーをめざす連合軍の艦船

ギリス軍を手玉にとったことで有名なエルヴィン・ロンメル元帥が、フランスを防衛するB軍集団司令官に任命されたことによる。

一九四三年のおわり、ロンメルは大西洋沿岸を視察し、防衛施設の建設状況を調べたのだが、その結果は悲惨なものであった。大西洋の壁は、壁といえるような連続した防衛線などなく、ほんのいくつかの防衛拠点が建設されているだけだった。

危機感をいだいたロンメルは、施設の建設を督促した。ノルマンディーの海岸には、その後の数ヵ月間に四〇〇〇ヵ所の施設が建設され、海岸に数十万もの木製衝角杭、地雷杭、コンクリートブロックなどによる障害物が設置されたのである。

海岸には無数の地雷が埋設され、海岸線には有刺鉄線がはりめぐらされ、対戦車壁がもうけられた。空挺降下をふせぐため、後背地は水をひいた氾濫地帯とされ、草原にはグライダーの着陸をさまたげるために、ロンメルのアスパラガスと呼ばれた木の杭が植えられた。

しかし、ロンメルの懸命の努力にもかかわらず、ノルマンディーの要塞施設は、一九四四年夏になっても、完成にはほど遠い状況だった。

しかも、防御施設の建設だけでなく、防衛部隊の配置にも問題があった。

ドイツ軍は、連合軍の大陸反攻の可能性がたかまるとともに、フランスへの部隊の配備を進めたが、そこには大きな問題がのこされていた。

ひとつは、要塞施設の建設と同様に、カレー地区への配備が優先されたことである。ロンメルのB軍集団のもと、第七軍がノルマンディーを守り、第一五軍がカレーを守ることになっていたが、当然のごとく、主力兵力が配備されたのは第一五軍であった。

B軍集団司令官となったロンメル元帥（左端）

もうひとつ、部隊の配置位置の問

題もあった。北アフリカの戦いで、連合軍の航空優勢にさんざんひどい目にあったロンメルは、もはや機甲部隊といえども空襲下に機動することは不可能であり、上陸部隊をたたくためには、海岸近くに配置されるべきと考えた。

そしてこれは、上陸した敵部隊がもっとも脆弱な瞬間であり、弱体化したドイツ軍にとって、勝機はそのときしかないと考えていた。

そうした経験をもたない他の将官は、機甲部隊は後方に控置しておいて、敵の攻撃箇所がはっきりしてから、機動させるべきだと考えたのである。来るならきてみろ。いつでも討ちとってやる、というわけである。

結論は、どちらの顔もたてるような中途半端なものだった。機甲部隊は水際というほど海岸近くではなく、後方というほど内陸奥深くはない位置におかれたのである。

そしてもうひとつ、各機甲師団の指揮権は、ロンメルが勝手なことをしては困るというわけか、彼の手からとりあげられてしまった。

「機甲師団は国防軍最高司令部の同意なくして行動すべからず」

そのばかげた処置のもたらす結果は、すぐ明らかになる。

「史上最大の作戦」発動

一九四四年六月六日、連合軍によるノルマンディー海岸への上陸作戦が開始された。この作戦は、まさに「史上最大の作戦」といってよかった。

連合軍はこの作戦のために、約四〇〇〇隻の揚陸艦艇、その他一五〇〇隻の補助船舶、三〇〇隻の護衛艦艇、三〇〇〇機の重爆撃機、一〇〇〇機の軽・中爆撃機、四〇〇〇機の戦闘機を投入し、二〇万人の将兵、五〇〇〇両の戦車・装甲車両、三〇〇〇両のトラックその他を輸送したのである。

午前二時、上陸海岸の両翼に降下して、側面援護の任務につく三コ空挺師団が、最初にフランスの土を踏んだ。

イギリス軍第六空挺師団は、ノルマンディー海岸左翼、東側を援護するのが任務で、オルヌ川とカーン運河を横切る広い範囲に降着した。それらにかかる橋梁を奪取すると、さらに東のディヴェース川まで進出して、側面からのドイツ軍の進出を阻止した。

アメリカ軍第一〇一、八二空挺師団は、ノルマンディー海岸右翼、西側を援護し、コタンタン半島と海岸後方のドイツ軍の進出を阻止することが任務だった。彼らは上陸海岸内陸部に降着すると、サント・メール・エグリーズを確保し、拠点となる空挺堡をきずくことができた。

空挺作戦につづいて、三時一四分には航空機によるノルマンディー海岸一帯への猛爆撃が開始された。さらに五時五〇分には、海岸に接近した護衛艦艇による艦砲射撃が開始された。この世のものとは思われない猛烈な爆撃と砲撃により、ノルマンディーのドイツ軍防衛陣地はすきかえされて大損害をこうむった。

六時三〇分、上陸部隊の第一波が、上陸用舟艇に乗って海岸に殺到した。連合軍は、東から西にスウォード、ジュノー、ゴールド、オマハ、ユタとコードネームをつけた海岸に、それぞれ分かれて上陸した。

これにたいしてドイツ軍は、第七軍がノルマンディー海岸東端からロアール川河口にいたる地域の防衛を担当しており、ノルマンディー海岸には第八四軍団の第九一、第三五二、第七一六歩兵師団が、コタンタン半島のつけ根からオルヌ川河口まで、西から東にならんでいた。

オルヌ川の東は第一五軍の担当区域で、第八一軍団第七一一歩兵師団が配置されていた。虎の子の機甲師団は、西方機甲集団第四七機甲軍団所属となった第二一機甲師団のみが、カーンの南東三〇キロのサン・ピエール・シェル・ディーブ付近におかれているだけだった。

第二一機甲師団？――聞きおぼえのある名前である。そう、ロンメルとともに北アフリカを駆けめぐり、勇名をはせた部隊ではないか。しかし、彼らはチュニジアで包囲されて、降伏したはずではなかったか？

たしかにそのとおりである。もともとの第二一機甲師団は、アフリカ軍団とともにチュニジアで消滅した。その後、おなじ名前をひきついだ部隊が、フランスで再編されたのである。

師団は一九四三年七月一五日にフランスのレンヌで編成され、その基幹となったのは第一〇〇戦車連隊であった。第一〇〇戦車連隊は、一九四三年一月にヴェルサイユで編成された部隊で、第二二三戦車大隊やパリ戦車中隊、第八一軍団や第八二軍団の戦車中隊をよせあつめた部隊であった。

装備していた車両も情けないもので、ほとんどは旧式な捕獲したフランス戦車だった。のちにⅣ号戦車が配備されることになるが、これらの戦車は一九四四年の夏まで使われつづけた。補給物資も不足し、一九四四年四月には、師団の戦車は一ヵ月にわずか五発の演習弾しか引き渡されないありさまだった。これでは練度のあがりようもない。

一方で、師団には、最後の瞬間にチュニジアを脱出した北アフリカの生き残りや、ロシアやクレタでおおくの経験をつんだ古参の兵、下士官もおおかった。彼らはもっとも早くからノルマンディーに進出していた部隊のひとつであり、現地の地理には明るかった。

第二一機甲師団をひきいていたのはフォイヒティンガー少将、師団の主力である第二二戦車連隊長はフォン・オッペルン＝ブロニコウスキー大佐であった。

オッペルン——この名前にも聞きおぼえがあろう。スターリングラードの戦いでオッペルン戦闘団をひきいて戦線の崩壊をふせぎ、クルスクの戦いでも、やはりオッペルン戦闘団をひきいてロシア軍に痛撃をあたえた、騎士十字章授章者のフォン・オッペルン＝ブロニコウスキー大佐である。

オッペルンの司令部はファレーズにあり、その二コ大隊はトゥールとル・マンを結ぶ線上に広くひろがり、牧場とリンゴ畑にかこまれた平和な村々に駐屯していた。兵士たちはのんびりかまえ、いろいろな楽しみを見いだしていた。戦車に乗って、有名なカマンベールチーズを買いにいくようなこともあった。

「撃ちあいになったら、死ぬ時間はたっぷりある。それまでは生きているのさ」

連合軍はいつくるのか。平和な日々はいつまでつづくのか。神ならぬ身の彼らは知る由もなかった。

押しよせてきた大上陸軍

「秋の日の　ヴィオロンの
　ためいきの　身にしみて
　　ひたぶるに　うら悲し」
ロンドンからのラジオ放送が、ポール・ヴェルレーヌの詩の一節を読みあげた。その前半は六月一、二、三日に、その後半は五日に流された。これはノルマンディー上陸作戦を前に、フランスのレジスタンスに知らせるための暗号であった。
ドイツ軍諜報部は暗号をキャッチし、連合軍の反攻が間近にせまった重要な事実を、ドイツ国防軍総司令部、西方軍総司令官、B軍集団司令部その他に伝達した。しかし、何も起こらなかった。
司令部からは何の警報もだされず、部隊には何の警戒態勢もとられなかった。あまつさえ、B軍集団司令官のロンメルは、運命のこのときに、妻の誕生日を祝い、ベルヒテスガーデンにヒトラーを訪ねるために、本国ドイツへもどっていたのである。

連合軍空挺部隊の降下の報に接したドイツ第七軍司令部は、すぐに連合軍の反攻作戦開始の警報を発した。しかし、カレーへの上陸を信じこんでいた上級司令部には、なかなか受けいれられなかった。

このため、増援部隊の移動は許可されず、ドイツ軍は海岸に配置された部隊だけが孤立無援のまま、上陸、降下した圧倒的な連合軍部隊に対抗しなければならなかった。

一番東のスウォード海岸は、オルヌ川河口のウィストリアムを中心とする地域で、イギリス軍第三歩兵師団と第二七機甲旅団を中心とする兵力が上陸した。つぎのジュノー海岸は、ラングリュヌからラ・グリエーヌにいたる地域で、イギリス軍指揮下のカナダ第三歩兵師団とカナダ第二機甲旅団を中心とする兵力が上陸した。

つづくゴールド海岸は、ラ・グリエーヌからペッサン港までの地域で、ここにはイギリス軍の第五〇歩兵師団と第八機甲旅団他の兵力が上陸した。これらの海岸では、一部でドイツ軍の頑強な抵抗はあったものの、イギリス軍は比較的順調に上陸を進め、内陸部に進撃することができた。

のこるオマハ、ユタ海岸はアメリカ軍が担当した。オマハ海岸は、サント・オノリーニからラ・ベルセ岬までの地域で、ここにはアメリカ軍の第一歩兵師団が上陸した。海岸を守るドイツ第三五二歩兵師団の抵抗でアメリカ兵は水際で釘づけとなり、ようやく日暮れになって、海岸道路に到達できただけだった。

ノルマンディー最西の上陸海岸となったのがユタ海岸であった。ユタ海岸は、他の海岸からすこし離れたオール川、ヴィール川、トート川、ドゥーヴ川河口の西側の地域で、ここにはアメリカ軍の第四歩兵師団が上陸した。

ユタ海岸ではドイツ軍の抵抗は軽微で、ノルマンディー上陸作戦中、もっとも成功した上陸地点となった。

実際、午前六時三〇分に上陸を開始したアメリカ軍第四歩兵師団と第七〇戦車大隊の二コ中隊は、はやくも午前一〇時には海岸を占領した。

連合軍の上陸したノルマンディーの海岸にもっとも近くにいた第二一機甲師団は、真っ先に侵攻を知ることになる。

連合軍の空挺作戦の開始をうけて、第八四軍団は五日から六日にかけての未明に警報を発した。第二一機甲師団長のフォイヒティンガー少将は、第二二戦車連隊長のオッペルンにこれを伝えた。

「きたぞ！　警報だ！」

オッペルンは隷下の部隊に警報を発した。

「警戒命令！　出動準備！」

しかし彼は、すくなくとも第一大隊に伝える必要はなかった。第一大隊長のフォン・ゴットベルク大尉は、夜中にたまたま電話で師団長と連隊長の会話を聞いてしまったのである。ゴットベルクは寝所からとび起きると、隷下の中隊をたたき起こした。

「起きろ！」

第一中隊は、ただちにヴィルソンの教会前に戦車をならべた。第四中隊は隠蔽場所から戦車をひっぱりだし、町の外へと進んだ。

第二大隊もたたき起こされる必要がなかった。フィールツィヒ少佐の大隊は、翌朝、ファレーズ東方でおこなわれる演習に参加するため、夜間行軍中だったのである。オートバイ伝令が彼らをおいかける。

「警報！」

追いついた伝令は、のんびり走る戦車に緊急の命令を伝えた。

しかし、彼らは実弾を積んでいなかった。少佐は部隊をいったん駐屯地にもどすと、実弾を積みこんで、午前四時には出動準備が完了した。

師団は長砲身型Ⅳ号戦車九六両、短砲身型Ⅳ号戦車二一両、七・五センチ砲搭載Ⅲ号戦車四両、Ⅲ号突撃砲一〇両、38（t）対空戦車一二両、指揮戦車二両の堂々たる戦力を有していた。空挺部隊など鎧袖一触……。

司令部では、フォイヒティンガー少将がとほうに暮れていた。戦区では、第二一機甲師団は第七六一歩兵師団の指揮下にはいることになっていた。師団長のリヒター将軍は、第二一機甲師団の出撃を命じたが、フォイヒティンガーは動けなかった。

彼は一方で、国防軍最高司令部の同意なくして行動しないよう命令されていたのである。いつまでたっても、最高司令部の同意は得られなかった。こうして貴重な時間は、刻一刻と失われていった。

失われた唯一のチャンス

午前六時三〇分、フォイヒティンガー少将はついに決断した。自己の責任で部隊を動かすことにしたのである。

ファレーズとカーン周辺の村々をオートバイ伝令が走り、部隊に出動命令を伝達してまわった。

「車間距離三〇メートルをたもて、出動！」

エンジンの回転があがる。キャタピラがゆっくりまわり、戦車はゆっくりと前進をはじめた。

午前八時、第二二戦車連隊第一大隊出動、そして午前九時、第二大隊も出動。第一大隊は北西へ順調に前進を開始し、その後を第二大隊がつづいた。

しかし、ようやく出動した彼らがめざした敵は、見当ちがいの敵であった。すでに海岸では連合軍の上陸がはじまっていたのに、彼らはいまさら敵空挺部隊を攻撃しようとしていたのである。

部隊の迷走はつづいた。

「ひき返せ！」

燃えあがるカーンの町の脇を通りすぎたところで、オッペルンのもとには新たな命令がだされたのである。部隊はオルヌ川東方のイギリス軍空挺兵に一発の砲弾も発射しないうちに、カーンへともどることになった。

こうしてオルヌ川東方には第一大隊第四中隊だけがのこされ、その他の部隊は殿《しんがり》を先頭にして、まわれ右をすることになった。

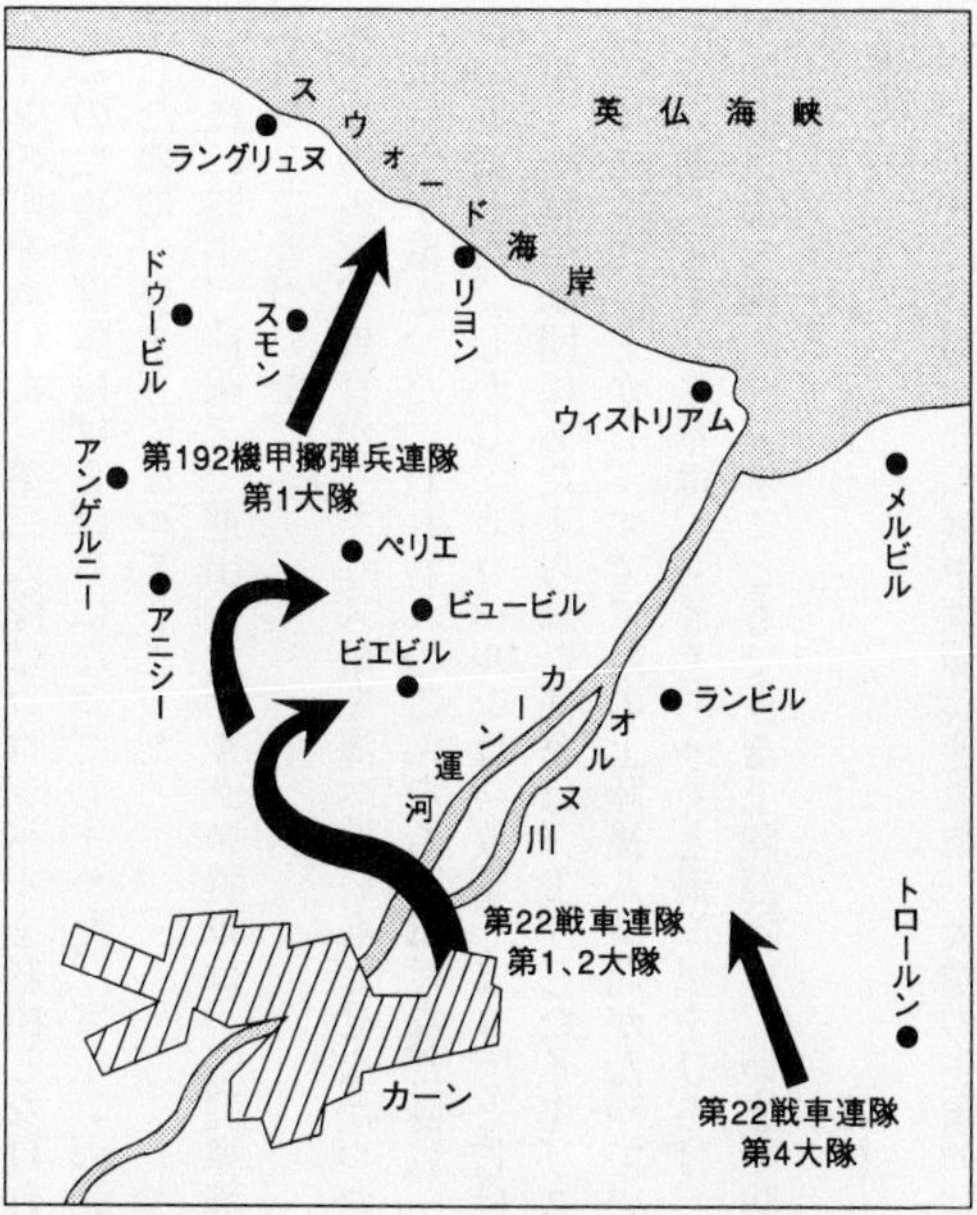

どうしたことか。ようやく第八四軍団が第二一機甲師団の指揮権を得たのである。第八四軍団のマルクス将軍は、第二一機甲師団を海岸のイギリス軍撃滅のために使うことにしたのだ。

「いそげ、いそぐんだ！　もっと速く！」

オッペルンは本部とともに、第一大隊に同行して部隊の前進をせきたてた。

第一大隊は爆撃でくずれた

カーンの町をぬけた。第二大隊はコロンベルを経由しなければならず、時間がかかった。

このため、部隊はばらばらになってしまった。カーンの北の出撃準備陣地に二コ大隊が集結したのは、昼すぎになってしまった。

午後二時半、前線まで進出したマルクス将軍は、戦闘準備をととのえた戦車を見ると、オッペルンに近づいた。

「オッペルン、貴官がイギリス軍を海へ追いもどせなかったら、この戦争は負けだ！」

彼は気が重かった。われわれのこんなちっぽけな部隊に、すべてがかかっているのか。どういうことだ。しかし、オッペルンは「攻撃します」と告げて、敬礼した。

第二一機甲師団にあたえられた任務は、上陸したイギリス軍を撃退して、海岸に進出することであった。しかし、すでに敵の上陸後八時間がたっていた。遅い、あまりに遅すぎる。

この間にイギリス軍は、ちゃくちゃくと海岸堡をひろげ、戦車、対戦車砲を揚陸していた。上陸直後なら踏みつぶすこともできた上陸部隊は、いまや防備をかためてドイツ軍を待ちかまえているのだ。

「前進！」

マルクスは、第一九二機甲擲弾兵連隊第一大隊の先頭の装甲車に乗って進撃を開始した。彼らの前進は偶然にも、イギリス軍の上陸したジュノーとスウォードの海岸の、ちょうど間隙を衝くことになった。なんと彼らは、海岸にまで到達したのである。

「やったぞ」

彼らは海岸に生きのこっていた第七一六歩兵師団の兵士と、手をにぎりあって喜んだ。

「これで戦車がきてくれれば」

戦車部隊には、それほどの運はなかった。擲弾兵部隊の後方からつづいていた戦車部隊は、進出路の拡大のため、わずかに東に進路をふった。ところが、これはとんでもない厄災となった。

彼らはビエビルとペリエの前で、イギリス軍第二七機甲旅団と第一八五歩兵旅団の防御陣地に突きあたってしまったのである。イギリス軍の防御陣地は、巧妙に隠蔽されていた。

「ガーン」

なんの前触れもなく、命中弾をうけた先頭の戦車が燃えあがった。「ピカッ」と、かなたの薮が、また光った。

「ガーン」

またやられた。たちまち戦車から炎が吹きだす。つづいて、戦車の手前の地面に突きささった弾丸が、土埃をまきあげた。

遮蔽物のほとんどない、なだらかな斜面をのぼっていた第二二戦車連隊のⅣ号戦車は、うまく隠された六ポンド、一七ポンド対戦車砲、シャーマン戦車、M10駆逐戦車の猛烈な砲火にさらされた。

ほんの二、三分で五両の戦車が吹き飛んだ。歩兵も砲兵もいない、戦車だけの突破など、とても不可能であった。

「後退せよ！」

オッペルン大佐としては、各戦車に穴を掘って、その場に展開するよう命令する他はなかった。もはやこれまで。

第一九二機甲擲弾兵連隊第一大隊は、海岸で頑張りつづけていたが、いまやその戦いに何の意味もなかった。

こうしてノルマンディー海岸の敵海岸堡を撃滅する唯一のチャンスは失われたのであった。

第12章　挫折したドイツ軍の反攻第一幕

ノルマンディー海岸に上陸した英加軍は、第一の攻略目標である内陸部のカーンをめざしたが、これを待ちうけたドイツのSS第一二機甲師団と戦車教導師団による激しい抵抗にあった！

一九四四年六月七日～一一日　カーン攻防戦

SS第一二機甲師団の迷走

一九四四年六月六日、ノルマンディーのゴールド、ジュノーおよびスウォード海岸に上陸したイギリス軍は、ドイツ軍の構築した障害物に悩まされたものの、たいした抵抗にあわず、順調にバイユー・クルイリー道を確保して、目標であるカーンめざして前進をつづけた。カーンはもともと、イギリス軍にとっては上陸初日に占領すべき目標であった。

しかし、イギリス軍の急進撃もここまでだった。遅ればせながら、ドイツ軍の反撃がはじまったからだ。

彼らはイギリス軍を海に追い落とすことはできなかったものの、ねばり強い抵抗により、海岸に釘づけにすることに成功した。そして、カーンはこの後、一ヵ月にわたって独英両軍の攻防の焦点となる。

第二一機甲師団につづいて、カーン戦区へはせ参じることになったのは、SS第一二機甲師団「ヒトラー・ユーゲント」であった。同師団は一九四三年七月、ヒトラー・ユーゲントの構成員をもとに編成されたもので、基幹要員はSS第一機甲師団LAHから抽出され、一部は陸軍からも集められていた。

当初、師団は装備が不足し、兵員の練度も低かった。その後、新鋭装備が充当され、意気さかんな隊員の練度は急速に高まっていき、ノルマンディー戦当時は、最優秀師団のひとつといってもよかった。

師団はパンター六六両（七日にさらに一三両受領）、長砲身型Ⅳ号戦車九八両、38（t）対空戦車一二両もの戦力を有していた。

運命の六月六日、師団はドルーとヴェルヌイユ・シュル・アーヴル間のすこし南方のアコンにあり、部隊はカーンとパリの間のドルー、エヴルー、ベルネー、ヴィムーティエの地域に展開していた。

彼らは最初、海岸線後方三〇キロのリジューに駐屯するはずだった。しかし、ロンメルと西方軍機甲集団司令官ガイル・フォン・シュヴェペンベルク将軍の争いの結果、五〇キロも南に移されてしまったのである。もし彼らがリジューにいてくれたら、すぐに海岸を攻撃できたのに！

SS第一二機甲師団が侵攻を知ったのは、やはり連合軍の空挺降下によってであった。

「敵、空挺部隊！」

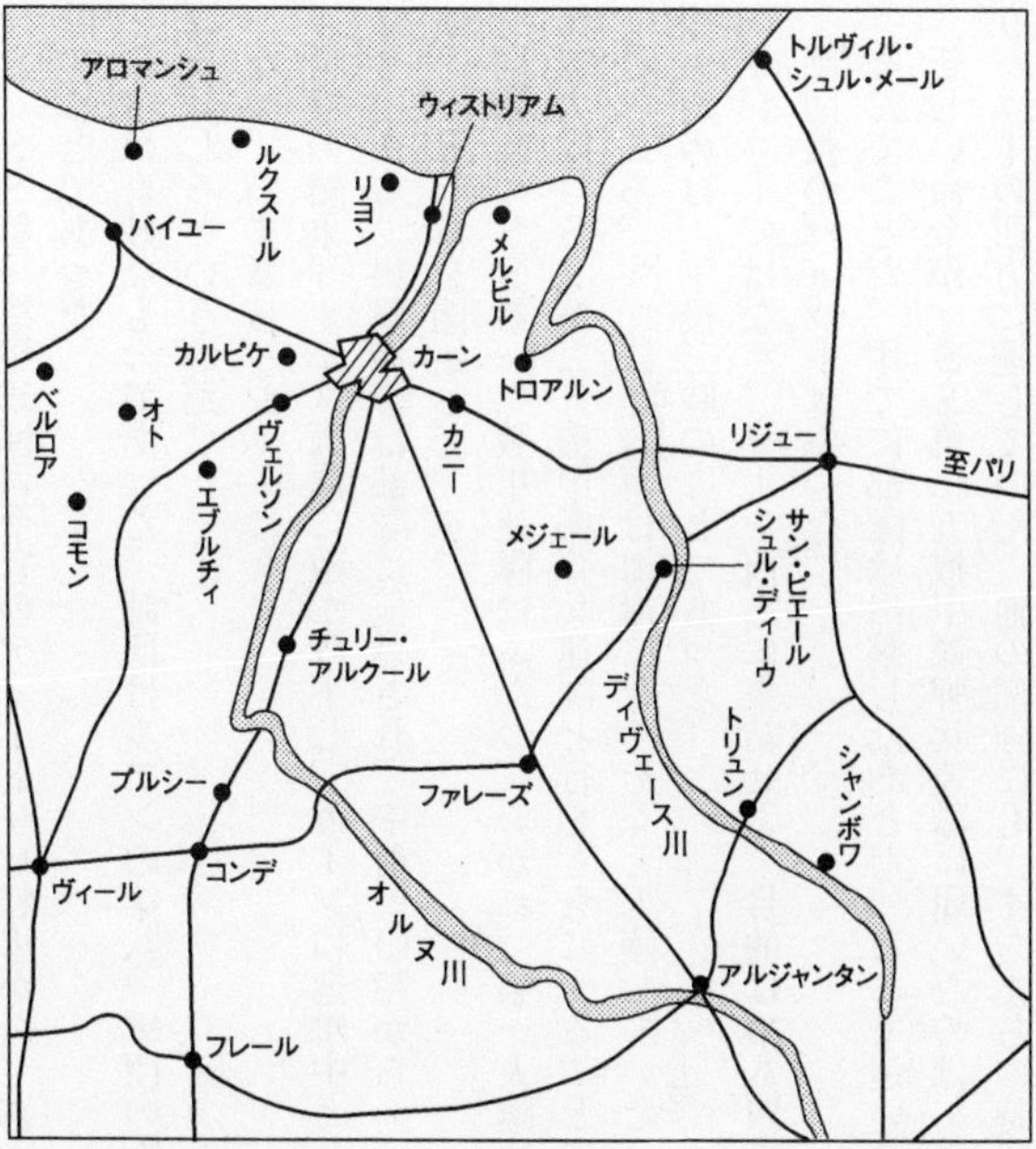

朝の三時、第七一六歩兵師団の右、ライヒャルト中将の第七一一歩兵師団から報告が届いた。師団長のヴィット少将は、何の命令もなかったが、ただちに隷下部隊に警報を発した。こうして午前四時には、部隊の出撃準備はととのっていた。第二五機甲擲弾兵連隊はカーンに向けて偵察隊をだした。

しかし、なんたることか、上級司令部からは何もいってこなかった。ここでも貴重な時間が無駄に失われたのである。

ヴィットはじりじりして待

った。SS第一機甲軍団司令官のディートリヒ将軍から、ようやく命令が届いたのは午前七時のことであった。

命令は奇妙なものであった。師団はルアンの第八一軍団の指揮下にはいり、リジューの東に集結しろというのだ。

なぜ、いまさらリジューに？

偵察の結果、オルヌ両岸に敵が降下し、カーンに進撃中とわかっているのに……。命令は命令である。出撃命令は部隊に伝達され、午前一〇時から一一時に部隊は集結すると、リジューへと行軍を開始した。

同師団のSS第一二戦車連隊はふたつにわかれ、第一大隊はSS第二六機甲擲弾兵連隊と、第二大隊はSS第二五機甲擲弾兵連隊と行をともにすることになった。

そのころ、すでに連合軍は海岸にぞくぞくと上陸していた。迷走する部隊に新たな命令が届いたのは、午後三時のことであった。

「リジューではなく、カーン西方に集結せよ。目的は第八四軍団の反撃の支援」

師団長のヴィットは怒った。

「なんてことだ、すでに部隊は出撃したあとだ。どこで追いつけるだろうか？」

新しい命令が、SS第二五機甲擲弾兵連隊に届いたのは午後四時のことで、部隊はすでにリジューの西方に達していた。他の部隊にも、まちまちの時間に、まちまちの場所で到着した。

各部隊は六日夕方から夜にかけて、新たな配置についたが、彼らは貴重な一日を移動だけでついやすはめとなったのである。

いまやノルマンディーでは、移動は命がけであった。道路上を行軍する各部隊には、空を圧する連合軍航空機が、たちまちのうちに襲いかかった。

「ヤーボ（対地攻撃機）！」

この叫びは、ノルマンディーのドイツ軍部隊にとって恐怖の叫びとなった。たとえ被害はなくとも、行動の遅れはあたり前となった。

プリンツ少佐の指揮するSS第一二戦車連隊が到着したのは七日朝となり、それも第二梯団にふくまれた一部をのぞいた五〇両にすぎなかった。コルゲンセン少佐の第一大隊のパンター戦車は、オルヌ川を渡らないうちに燃料切れとなってしまった。

海岸をうめつくす巨大船

六月七日一二時、ようやく攻撃命令が発せられた。

「SS第一二機甲師団は第二一機甲師団とともに北方へ出撃し、上陸した敵を海に追い落とせ」

SS第二五機甲擲弾兵連隊は、前線本部をカーン西郊のアベール・ダルデンヌの僧院においた。パンツァー・マイヤーとして知られる連隊長のクルト・マイヤー准将は、塔にのぼると双眼鏡をのぞいた。

「！」

マイヤーは眼前にひろがる光景に愕然《がくぜん》とした。海岸には巨大な船がのんびり停泊し、浜では荷揚げの真っ最中であった。そして、彼の戦区の前には、敵戦車部隊が集結していた。

「先へは通さんぞ」

マイヤーが後方に目を向けると、カーン～ファレーズ街道には、何の影も見えなかった。

僧院の下の庭には、SS第一二戦車連隊長のマックス・ヴュンシェ中佐が指揮車に乗って待機していた。味方の戦車は敵機に見つからないように、息をひそめて隠れているのだ。僧院の庭に一コ中隊、フランクヴィルの南の街道を見下ろす斜面にも、もう一コ中隊が隠れていた。

マイヤーがふたたび双眼鏡を敵戦線の方向にもどすと、なんとしたことか、敵戦車が一両、こちらへと近づいてくるのが見えた。そのまま、生け垣の背後に対戦車砲をかまえた第二大隊の二〇〇メートル向こうに停止した。こちらにはまったく気がついていないようだ。

この戦車は、戦車部隊本隊の側面援護にでたのであろう。戦車はそのまま横腹をさらして、第二大隊の戦線の前を通りすぎていった。

「………」

永遠のような時間が流れた。戦車のなかで息をひそめた戦車兵の顔から、汗がしたたり落ちる。足は発射ペダルの上に乗ったまま、いつでも発射できる。

マイヤーは各部隊に命令した。

「本官の指示を待って発砲せよ！」

マイヤーが野戦電話で伝えたことを、ヴュンシェは無線で隷下の戦車に伝達した。この敵戦車は見送った。敵の狙いは何か。敵はビュロンからカーン〜バイユー街道へ進出し、ドイツ軍が放棄したカルピケ飛行場を目標にしているのだろう。

マイヤーはすばやく考えをめぐらせた。当初の計画とはことなるが、この状況を利用して反撃しよう。進みくる敵を、地の利を生かして撃滅し、それから反撃に転じるのだ。

マイヤーはこの決意を、第二一機甲師団司令部にも伝達した。そうこうするうちに、敵戦車は早くもフランクヴィルまで数百メートルに迫っていた。

彼らがフランクヴィルの廃屋に達したとき、マイヤーは野戦電話に叫んだ。

「攻撃！」

ヴュンシェもマイクにどなった。

「パンツァー、フォー！」

綱を放たれた猟犬のように戦車が躍りでると、射撃を開始した。

「フォイエル！」

この距離でははずすはずもない。高初速の七・五センチ砲弾をうけた敵先頭戦車は、ブリキ缶のように装甲を撃ち抜かれて、たちまち吹き飛んだ。

「徹甲弾、フォイエル！」

1944年６月６日、英仏海峡に面するノルマンディー上陸作戦を成功させた連合軍は、増援部隊を送りこんできた。８日、オマハ海岸に揚陸されるＭ４戦車

ヴュンシェの戦車はつるべ撃ちに撃ちつづけた。

すぐに二両目も炎上する。戦車兵がハッチから踊りでると、側溝に転がりこんだ。カナダ第二機甲旅団第二七連隊は、大混乱におちいった。

街道上をいく戦車は、一両、また一両と撃ちとられていった。カナダ連隊の先頭中隊は全滅し、後続の中隊も大損害をうけた。この戦いで、なんとシャーマン戦車二八両を撃破され、兵員の三割をうしなったのである。

随伴するカナダ第九旅団の歩兵は、オーティの町へと後退していった。ここは、すでにマイヤーの第三大隊がおさえていた。

擲弾兵は、さらにビュロンと東のサン・コンテストにせまった。捕虜となったカナダ兵は、ぞろぞろとマイヤーのいる僧院に向かって歩いてきた。ついに、ドイツ軍の反撃が成功するのだろうか。しかし、そうはならなかった。

猛烈な砲撃がビュロンの町を襲った。連合軍は優勢な火力を生かして、ドイツ軍をたたきつぶそうというのだ。右翼の第一大隊は敵につかまって、これ以上は前進できなかった。彼らとならんで前進するはずの第二一機甲師団の戦車は、クーヴル・シェフでもたついていた。右翼にぽっかりとあいた穴には、すでに連合軍戦車部隊がはいりこんでいた。対戦車砲で防戦にあたっていたが、擲弾兵はビュロンから後退しはじめていた。

左翼でも、連合軍戦車部隊の反撃がはじまっていた。ミュー川の西でカーン～バイユー街道を攻撃し、第二六擲弾兵連隊の陣地に近づいていた。そこには偵察中隊しかはいっておらず、残りは第七一六歩兵師団の敗残兵がいるだけだった。

これでは、とても守りきれない。マイヤーは攻撃を中止するしかなかった。六月七日の夕暮れが近づき、ふたたびドイツ軍の反撃は失敗におわった。

戦車教導師団の遅い到着

六月八日、三日目にカーン戦区へ到着することになった部隊こそ、この師団だけで連合軍を海に追い落とすことができるといわれた戦車教導（パンツァー・レーア）師団であった。

戦車教導師団とは奇妙な名前だが、彼らは一九四三年一二月、戦車教導連隊、自動車化教導連隊といった部隊に、戦車兵学校の教官、生徒に、その他予備部隊を集成して編成されたエリート部隊であった。

師団はきわめて装備が充実していた。師団は戦車戦力として、パンター八九両、長砲身型Ⅳ号戦車九八両、ティーガー三両、Ⅲ号突撃砲九両、38（t）対空戦車一二両もの戦力を有していたが、それだけでなく、隷下の機甲擲弾兵連隊は装甲ハーフトラックによって完全に機械化されていた。そして兵員の士気、練度も高かった。

六月六日、師団司令部はパリ南西一二〇キロのノジャン・ル・ロトルーにおかれ、部隊はイリエからシャルトル、ル・マン地域に展開していた。

午前二時半、司令部の電話が鳴った。国防軍総司令部のヴァルリモント将軍から、師団長のバイエルライン将軍にあてたものである。

「戦車教導師団はカーン方面への出撃準備をととのえよ」

そう、ノルマンディー上陸の警報が発せられたのである。しかも、なんとこの日、彼らは東部戦線への移動の途上にあった。

第一大隊のパンターは列車に積みこみ中で、すでに一部の車両はポーランドへ出発していた。列車は大いそぎで呼び戻され、彼らは後から部隊を追いかけることになった。

残りの部隊は準備をととのえて待機した。いつまでたっても出撃命令はこなかった。夜が明け、昼すぎとなっても、隊員は戦車のまわりで暇をつぶすだけで、無為に時間は流れていった。

連合軍のヤーボ（戦闘爆撃機）の攻撃により破壊されたV号戦車パンター

ようやく第七軍のドルマン将軍から出動命令がだされたのは、午後五時のことであった。連合軍が上陸してから、すでに一二時間が経過していた。ここでも貴重な時間がうしなわれたのである。

師団の各部隊は、五つのルートにわかれてノルマンディーへといそいだ。フランスの日は長い。午後五時でも、空にはまだ太陽が輝いていた。

車両は小枝をまとってカモフラージュがほどこされていたが、移動する車両の縦列がけたてる土埃を隠すことなどできはしない。彼らは、すぐに連合軍航空機の目をひくことになった。

日没すこし前、空襲警報が発せられた。

「ヤーボ！」

車両の乗員は、北の空を見上げて機影をさがす。突然、連合軍の戦闘爆撃機が木立をかすめて襲いかかった。二センチ対空砲が火を吹く。隊列の前方で火の手があがった。やがて連合軍機は去り、隊列はふたたび動きだした。

隊列は燃料補給のため小休止をとっただけで、夜どおし前進をつづけた。すっかり明るくなった午前五時になっても、前線までは五〇キロを残していた。安全のために暗闇を待つと、さらに一日の遅れを意味する。

ああ前夜、一二時間はやく出発していれば……。

「パンツァー、マールシュ！」

戦車に前進命令が発せられた。

動きだした隊列を、連合軍の戦闘爆撃機が襲う。逃れようとした車両が道をはずれ、兵士たちがばらばらと森のなかに逃れる。

「ヤーボ！」

「ドカーン」

隊列のどこかで火の手があがる。敵機が去ると、隊列はふたたび動きだす。師団は数回にわたって戦闘爆撃機の襲撃をうけ、そのたびに損害をだした。そして、七日の夜になって、やっとノルマンディー地区にたどり着くことができた。

仇敵英第五〇師団との戦い

バイエルライン将軍は、午後一〇時にプルシーに前線司令部を進めた。

バイエルラインがSS第一機甲軍団司令官のゼップ・ディートリヒからうけとった命令は、戦車教導連隊第二大隊の第五、第六中隊は第九〇一機甲擲弾兵連隊とともに、カーンとバイユーのちょうど中間、ノレー・アン・ベッサン地区を攻撃し、第二大隊の残りの部隊は第九〇二機甲擲弾兵連隊とともに、さらに西方のブルーエ地区を攻撃する。

攻撃は夜襲となった。

「かかれ！」

敵味方の区別がつかないなかで、戦闘は混戦となった。キャタピラをうならせて戦車がうごめく。敵か味方か。

「トミーだ」

擲弾兵はカナダ軍戦車に接近すると、肉薄攻撃で破壊した。カナダ軍は数両の戦車を破壊され、擲弾兵はついにブルーエを確保することができた。

攻撃は成功した。ようやくドイツ軍は、カーン前面に強力な戦線をきずくことに成功した。カーン西方のサン・ジェルマン・ディクトからティリーにかけて戦車教導師団、クリストからカーン前面にかけてSS第一二戦車師団、その東側に第二一戦車師団である。

強力な機甲師団三コがならんで、イギリス軍を海に追い落とす大反撃をおこなうのだ。

八日の早朝、攻撃準備はなった。しかし、攻撃命令は発令されなかった！

やがて夜になった。午後七時すぎ、ロンメル元帥がル・メニ・パトリーの戦車教導師団前

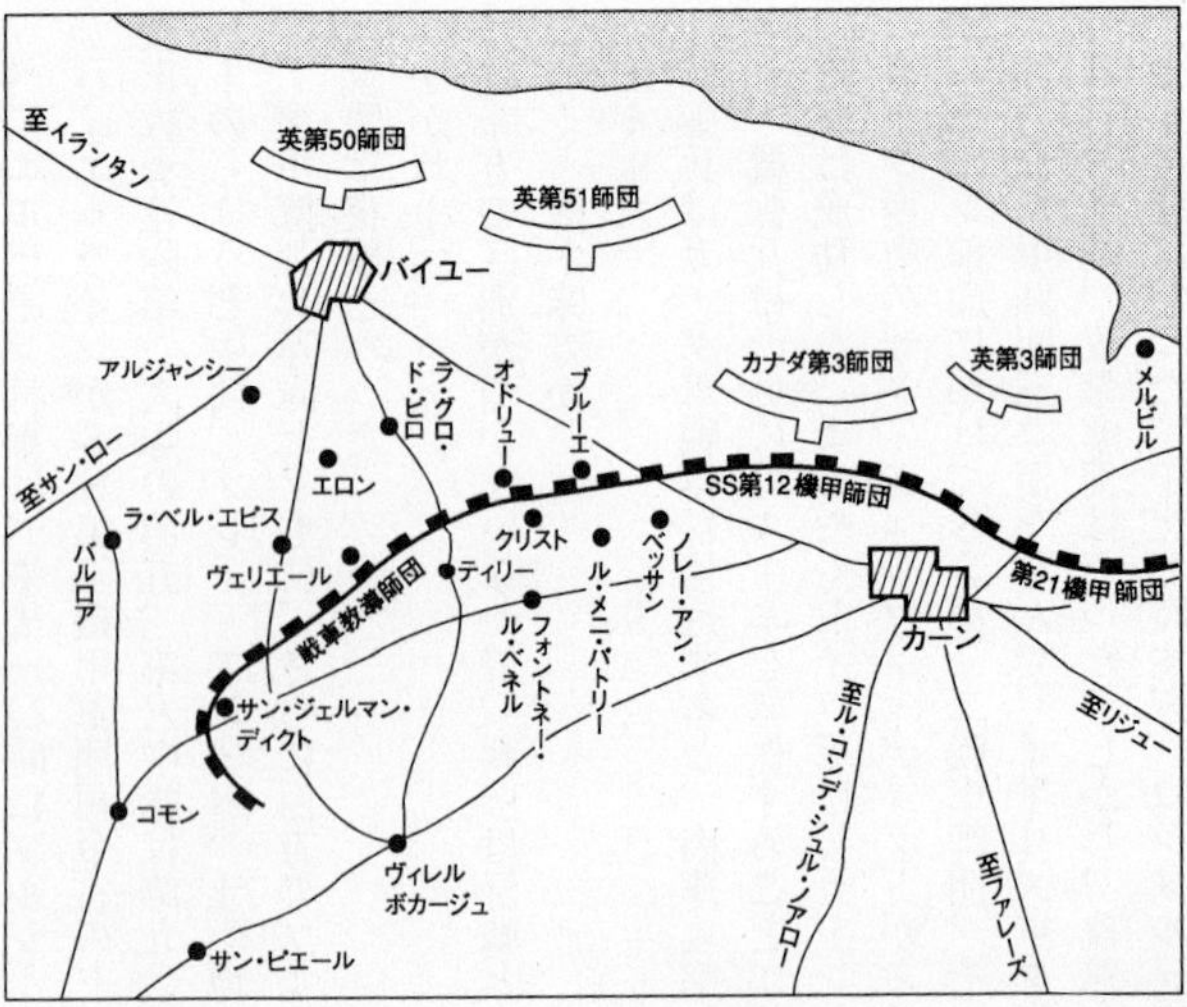

線司令部にあらわれた。ロンメルは、イギリス軍がバイユーを占領したことをバイエルラインに告げた。

「バイエルライン、第五〇歩兵師団だ。われわれのアフリカいらいの仇敵だ！」

ロンメルはバイエルラインに配置換えを命じた。

「九日朝、バイユーを攻撃する。あの町を奪取するのだ」

また、配置換えである。イギリス軍との戦いは、モグラたたきのようだった。こっちをたたくと、今度は、あっちから顔をだす。

ドイツ軍はモグラをたたいて、戦線のほころびをつくろうだけで精一杯だった。予備兵力はなく、その場しのぎをくりかえすだけで、本格的な反撃など不可能だった。

「パンツァー、マールシュ！」

　バイエルラインは偵察中隊の先頭に立って攻撃を指揮した。バイユーの攻撃は、最初はうまくいった。正午前にはエロンに着く。

「アハトゥンク、パンツァー！」

　イギリス軍の戦車だ。第二大隊のⅣ号戦車が反撃する。

「フォイエル！」

　602号車の放った弾丸は、キャタピラをつらぬいた。

「フォイエル！」

　つづけざまに発射された二発目は戦車の装甲板をつらぬき、敵戦車は爆発した。

　部隊はさらに前進して、アルジャンシーに到着した。バイユーまであと五キロである。バイエルラインは、はやりたった。

　敵に一泡吹かせるのだ。このまま海岸に突進して、イギリス軍とアメリカ軍の連絡を断つのだ。しかし、そこまでだった。

「攻撃中止。ティリーにもどれ」

　どうしたことか。別のモグラが出現したのだ。

　ティリー〜オドリュー〜クリスト地区にカナダ軍の戦車部隊が進出して、SS第一二機甲師団と戦車教導師団の継ぎ目を断とうとしていたのである。

　戦車教導師団は自分の身を守るために、まわれ右するしかなかった。戦車教導連隊第二大

イギリス軍によって回収された戦車教導師団所属のⅣ号戦車

隊の第五、第六中隊と第九〇一機甲擲弾兵連隊はエロンを守り、第七、第八中隊がカナダ軍への反撃にあたることになった。

第八中隊長のレッヒェ大尉は、午後二時ごろに大隊長より攻撃準備の命令をうけた。フォントネー・ル・ペネルからティリーの東方へ攻撃をかけ、侵入したカナダ軍部隊を追いだし、もう一度、海岸までの突破をはかるというのだ。こんどこそ海岸まで行くのだ！

第八中隊の任務は側面援護であった。中隊は夕方になってから出発した。

赤痢に苦しんでいたレッヒェ大尉は、軍医の判断で後方に送られ、中隊の指揮はヴェルター大尉がとることになった。

集結地点からは、目標がよく見渡せた。右にはオドリューの村、左にはシュアン村である。

一キロ半先で、平地は茂った森にはさまれ、その間は二〇〇〜三〇〇メートルあった。大隊はこの隘路を通らなければならなかった。

「パンツァー、マールシュ！」

先頭は第二大隊長のフォン・シェーンブルク・ワルテンヴェルク中佐の指揮戦車。左翼をシュテール少尉の801号車が、砲塔を一〇時の方向に向けて進む。

隘路の手前にはカナダ軍の前進陣地があったが、放棄されてもぬけの空であった。先頭の小隊が森の間にはいり、後続中隊は密集して速度を落とした。午後四時だった。

「ガーン」

先頭の指揮戦車の砲塔を弾丸がつらぬいた。二〇〇メートルほど離れた反対側の丘の頂に、一門の対戦車砲がひそんでいたのである。敵の待ち伏せだ。

たちまち周囲は激しい砲撃につつまれた。大隊長は戦死し、他の乗員も負傷して脱出をはかった。リトゲン大尉がかわって指揮をとる。

連合軍の砲火は、まるで火のカーテンのように、森の前にたちこめた。とても、このなかに突入することなどできそうにない。

リトゲン大尉は後退を命じた。シュテール少尉の801号車は、後退する僚車や、擱座した車体を回収しようとする仲間の援護にあたった。シュアン村前面に出動準備中の敵戦車を発見する。

「砲塔一一時、距離一二〇〇」

「徹甲弾、フォイエル！」

敵戦車は吹き飛んだ。

突然に衝撃がはしる。至近距離から敵の機関砲の射撃を浴びたのだ。さいわい、弾丸は貫通しなかった。

「あそこだ！」

発砲炎で敵を発見した。

「砲塔九時、榴弾、フォイエル！」

砲塔機関銃も射撃を開始し、敵陣地は沈黙した。暗くなるまで踏みとどまり、801号車は戦場をあとにした。

戦場には、撃破された戦車がたいまつのように燃えさかっていた。またもや海岸への進出はだめになった。敵は強力で、もはや海岸に追い落とすことなど不可能であった。

九日夕方、現有戦力では海岸への突破は不可能とさとったSS第一機甲軍団長ゼップ・ディートリヒ将軍は、攻撃から防御にきりかえることを命令したのである。

第13章　SS戦車長ミハイル・ビットマンの奮戦

連合軍のノルマンディー上陸により、急きょ救援にかけつけたSS重戦車大隊のビットマン中尉はヴィレルボカージュ市街でイギリス戦車をつぎつぎに撃破して新たな伝説がつくられた!

一九四四年六月一三日　ヴィレルボカージュの戦い

カーンにせまる大戦車群

連合軍のノルマンディーへの上陸の初動に出遅れたドイツ軍は、七日から一〇日にかけて、失地回復のための反撃をおこなうとともに、イギリス、カナダ軍の攻勢を必死でささえてきた。しかし、連合軍の圧力はいやますばかりであった。

一方、ドイツ軍の増援は微々たるものであった。このへんの事情を、ロンメル元帥自身が語っている。

「アフリカとおなじだよ、バイエルライン（戦車教導師団長）。あのときの地中海が、ここではライン川だ。どうせ対岸からは何も送ってこない」

まったくその通りだ。ドイツ軍はやりくり算段をつづける一方で、連合軍はライン川よりはるかに広い英仏海峡を越えて、ぞくぞくと援軍を送りこんでいた。しかも、ドイツ軍が連合軍航空機の攻撃により、前線への進出そのものが命がけであるのにたいして、連合軍をさまたげるものはなかった。

たまさかのドイツ空軍、海軍の攻撃は、ほとんどいやがらせにもならなかった。むしろ、大きな被害をもたらしたのは悪天候であった。

イギリス軍がカーン周辺で大攻勢をとったのは六月一一日のことであった。これまでカーンへ正面攻撃をかけて失敗しつづけたイギリス軍は、今度は攻撃正面をカーン西方のティリーにうつした。

「一、二、三……、大変だ。警報！」

ドゥーブル・ラ・デリヴラにあったドイツ軍陣地は、バイエルラインの司令部に急報した。彼らは一時間のうちに八〇両の戦車を数えたのである。

モントゴメリーは、イギリス、カナダ軍の大戦車部隊をくりだした。戦車集団による強襲で、ドイツ軍戦線を突破しようというのだ。

バイエルラインは歩兵部隊を前方におき、重砲と戦車部隊を後方に配置して守りをかためた。第九〇一機甲擲弾兵連隊の擲弾兵は、くずれた家々にたてこもって戦った。戦車教導戦車連隊第八中隊の四両のⅣ号戦車は、フォントネー・ル・ペネルの教会周辺で十数回にわたって反撃をくわえて、敵を撃退した。

つづいて第二波としてティリーの西、ヴェリエール、ランヴェールをめざす攻撃が開始さ

1944年６月、ノルマンディー方面を行動中のＳＳ第101重戦車大隊第２中隊のティーガー戦車。中隊長は有名なビットマンＳＳ中尉

れた。攻撃にあたったのは、アフリカ戦いらいのベテランであるイギリス第五〇歩兵師団で、第七機甲師団の戦車が支援した。

ヴェリエールは陥落した。さらにイギリス軍の偵察部隊は、ヴェリエール北方の森を抜けて、ランヴェールをめざして突破に成功した。このままでは、第九〇一機甲擲弾兵連隊第一大隊が包囲されてしまう。

このため、これまで予備として控置されていた戦車教導戦車連隊第六、第七中隊が投入されることになった。

ランヴェールの教会の高い塔が見おろすリンゴ園のなかに、第六中隊小隊長のひとり、エルンスト少尉のⅣ号戦車、コードネーム「シトローネ（蜜柑）」がひそんでいた。エルンストは警報を聞くと、すぐに出撃命令を発した。

「小隊、出動準備！」

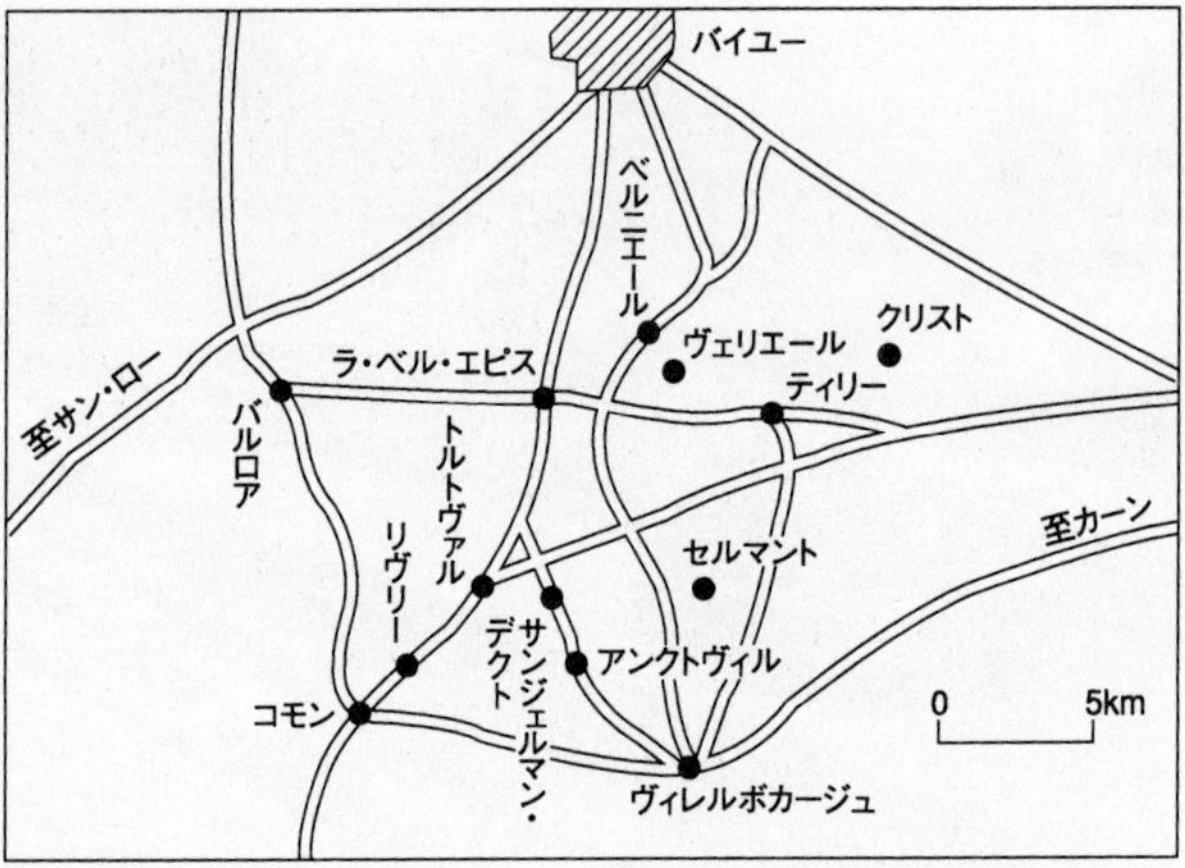

「エンジン始動！」

「無線機よし」

乗員はめいめい作業にとりかかり、戦車が息を吹きかえしていく。

「パンツァー、マールシュ！」

小隊の四両のⅣ号戦車は、縦列を組んで走りだした。ランヴェールの村の道はせまく、戦車のエンジンやキャタピラの音がひびいて、村中を圧した。

キャタピラをきしませて、先頭の車両が教会の角をまがると、撃破されたイギリス軍の観測戦車の残骸が目にはいった。

小隊は、さらにそこから石畳みの道を通って、三〇〇メートル先の林をめざした。

「戦闘用意、ハッチ閉め！」

中隊長のリトゲン大尉から命令がくだった。

四両は一列になって細い道を進み、森の縁にでると西に向きをかえて、広い野原にでた。

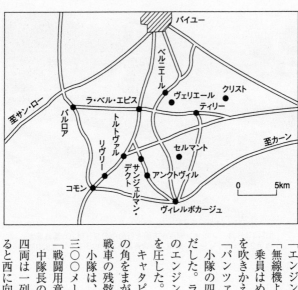

「アハトゥンク、パンツァー！」

「砲塔一一時！」

「フォイエル！」

ヘッドホンをつんざいて叫び声が飛びこんできた。前をいく戦車が敵を発見して、攻撃を開始したのである。

「右だ」

エルンストは操縦手に指示した。エルンストの五〇メートルほど先に、一両のクロムウェル戦車が煙をあげていた。

僚車の「キルシェ（桜桃）」にやられたのだ。わきあがる濃い煙のむこうには、三両の敵戦車がうごめいているのが見えた。煙りにまぎれて逃れようというのだ。

エルンストが、その影を確認しようとしている刹那、右手の生け垣を破って一両のクロムウェルが飛びだしてきた。

「撃て！」

エルンストが叫ぶ。飛んでいった弾丸は、クロムウェルのキューポラをかすめて飛び去った。敵は大いそぎで後退すると、生け垣のなかに姿を消した。

突然、弾丸がかすめた。今度は左側から射撃をうけたのだ。

「左へ！」

エルンストが叫ぶと、Ⅳ号戦車は車体を大きく揺すぶって、左に向きをかえた。照準器のなかに、敵戦車の姿がいっぱいにひろがる。

「フォイエル！」

発射の反動で戦車は激しく揺れた。ほとんど発射と同時に、敵戦車に命中した。敵戦車兵は、命中と同時に脱出して逃げ去った。

ランヴェールの森をめぐる戦いは、六月一二日から一三日を通してつづいた。イギリス軍のクロムウェル、シャーマン戦車はつぎつぎと撃破されたが、イギリス軍は新手の戦車、対戦車砲をくりだし、ますます圧力を強めていった。そして空からは、激しい砲撃や爆撃が、ドイツ軍をあぶりだそうとした。

さらにイギリス軍は、モントゴメリーの「砂漠のネズミ《デザート・ラッツ》」第七戦車師団の一コ戦隊をもって、西方からの迂回攻撃を企図した。

彼らは第五〇歩兵師団が戦車教導師団を釘づけにしている間に、その左翼をまわりこみ、背後のヴィレルボカージュへと向かっていた。戦車教導師団は側面から包囲される危険性がたかまり、それはカーン周辺の全ドイツ軍戦線をあやうくするものであった。

救世主ビットマンの登場

前線で圧力をうけている戦車師団には、側面防御にまわせる兵力などなかった。総司令部にも、まともに予備と呼べるようなものはない。

ちょうどそのとき、まさに救世主のように戦場にあらわれたのが、SS第一〇一重戦車大隊であった。

SS第一〇一重戦車大隊は、一九四三年七月一九日付けでSS中央局指令により、SS第一機甲軍団の直轄部隊として編成された。ほんらいはSS第一機甲師団LAHの重戦車中隊が基幹となるはずだったが、部隊側がなかなか手放さず、主にSS第一機甲補充大隊から充当され、一部の兵員が参加して部隊の中核となった。

ミハイル・ビットマンSS中尉

当初、一九四三年八月に二コ中隊のみ編成され、一〇月から第三中隊の編成が開始された。ティーガーの配備は思うように進まず、完全編成となったのは、やっと一九四四年四月末のことであった。

大隊は、本部および三コ小隊からなる三コ中隊の編成で、ティーガーI四五両を装備していた。

連合軍がノルマンディーに上

陸したとき、大隊はノルマンディーではなく、パ・ド・カレーへの連合軍の上陸にそなえてグルネー・アン・ブレ～ボーヴェ地区にあった。

SS第一〇一重戦車大隊をひきいていたのはフォン・ヴェスターンハーゲンSS中佐で、第二中隊長はドイツ軍戦車隊の伝説的エース、ミハイル・ビットマンSS中尉が務めていた。

ミハイル・ビットマンは一九一四年四月二二日、オーベルプファルツのフォーゲルタールに生まれた。一九三四年に陸軍に入隊したが、一九三七年からSSに転じ、一九三九年のポーランド戦、一九四〇年のフランス戦では装甲車車長として参加した。

一九四一年のバルカン作戦、ロシア戦では突撃砲車長として戦果をあげた。一九四二年に少尉に任官、一九四三年初頭からティーガー車長となり、ロシアで多数の戦車を狩って勇名をはせていた。

連合軍のノルマンディー上陸の報により、SS第一〇一重戦車大隊は出動命令をうけると、六月七日、グルネー・アン・ブレからモルニーに向かった。

「ヤーボ！」

もうこれはフランスではおなじみの光景だ。戦闘爆撃機の洗礼をうけたのは、第一中隊である。

パリにはいると、凱旋門を通ってベルサイユに到達したが、こんどは第二中隊と整備中隊が空襲をうけた。まったく不吉な滑りだしである。

大隊は八日も行軍をつづけ、第一中隊はヴィムーティエ経由でカーンの南へ、第二中隊はアルジャンタン経由でファレーズへ向かった。一方、第三中隊はいったんパリへもどり、翌日から戦車一両ずつ（!）の行軍で西方へと向かうことになった。

この日もヤーボの攻撃は激しく、昼間の行軍は完全に自殺行為だった。このため、大隊は行軍を夜間に限定せざるを得なくなった。

しかし、ノルマンディーの夜は短い。午後一〇時すぎまでは夜は白々としており、朝も四時には明けてしまう。行軍はまさに難儀をきわめた。

一〇日にも第二中隊はアルジャンタンとオカーニュでヤーボの攻撃をうけた。中隊がファレーズに到着したのは夜中であった。

六月一二日の朝、第二中隊のティーガー六両は、やっとヴィレルボカージュの北東、ヴィレルボカージュ〜カーン街道南側の渓谷の第二一三高地に集結することができた。

第二中隊は到着したばかりで、修理、補給や休養が必要であった。このため、一三日午前は敵機による損傷と、長駆の行軍で摩耗した走行装置の修理にあてられた。

この間に中隊長のビットマンは、イギリス軍の脅威を調べるため、二二二号車を借りて、単身で付近の偵察に出動することにした。

ビットマンがヴィレルボカージュに近づくと、驚いたことに、そこはすでにイギリス軍の手におちていたのである。そこに駐屯していた補給部隊は、すでに駆逐されてしまったのだ。

イギリス軍はすっかりくつろいでおり、戦車兵は戦車から降りて足をのばし、のんきにタバコとお茶を楽しんでいるありさまだった。

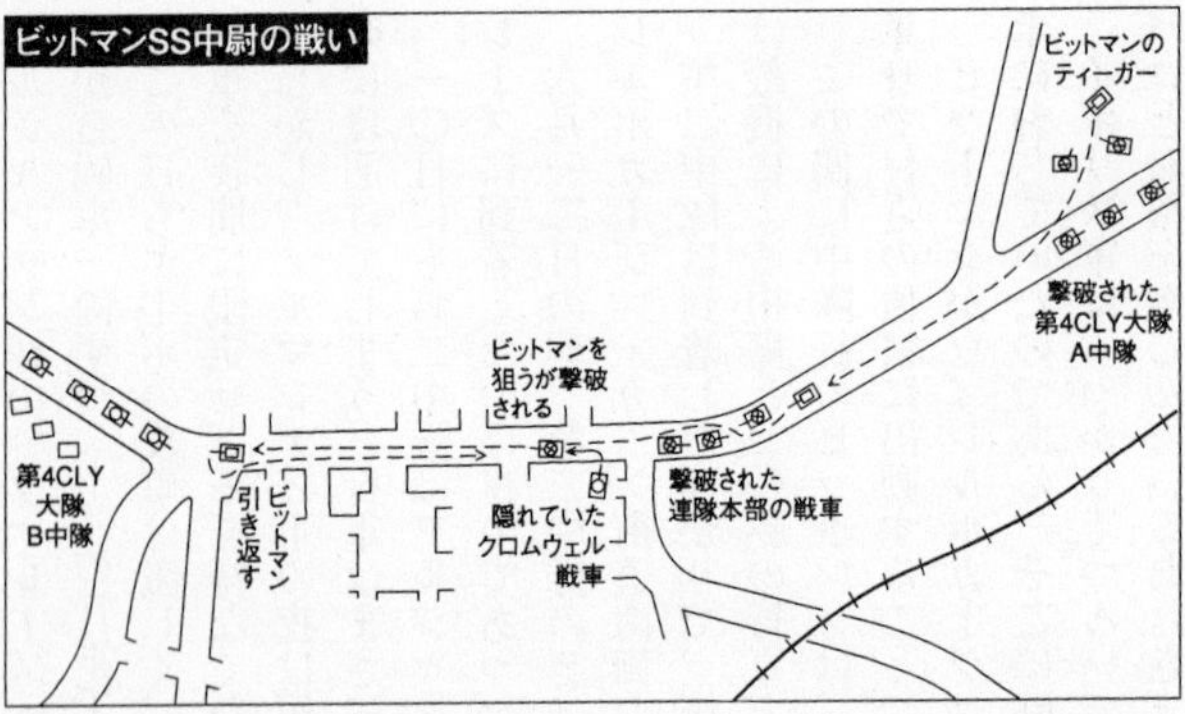

それらはイギリス軍第七戦車師団第二二戦車旅団の第四シティ・オブ・ロンドン・ヨーマンリー（CLY）大隊A中隊および第一狙撃兵旅団第一大隊の装甲車両群であった。

ビットマンの目の前で、イギリス軍の先鋒部隊は周囲をやくする第二一三高地を占領するために出発しようとしていた。

「ふん、もう勝ったと思っていやがる」

砲手のヴォルSS上級軍曹がつぶやく。

「そうらしい。では、教育してやるか」

ビットマンは命令をくだした。

「徹甲弾、フォイエル！」

雷鳴とともに、ティーガーの砲口から巨大な八・八センチ砲弾が飛びだした。先頭の戦車はわずか八〇メートルの距離にせまっていた。この距離でははずれるはずもない。

八・八センチ砲弾は、いわしの缶詰を開けるように、いともかんたんに装甲板を突きぬけた。

ビットマンはまず第二一三高地の直前で、A中隊のファイアフライとクロムウェルを血祭りにあげると、そのまま道路に沿ってヴィレルボカージュへと突進した。

「徹甲弾、フォイエル！」

つづいて、

「榴弾、フォイエル！」

ビットマンは道路上を進みながら、主砲と機関銃を撃ちまくった。徹甲弾をくらった戦車が炎上し、逃げまどう兵士には、容赦なく機関銃弾が雨あられとそそがれた。

たたきつぶされた英戦車

道路上は阿鼻叫喚の地獄絵図となった。のんびり休んでいた第一狙撃兵旅団は、スチュアート軽戦車三両、M3ハーフトラック一三両、シャーマン観測戦車二両、ダイムラー装甲車、軍医用M3ハーフトラック、そして、ブレンおよびロイドキャリアー一ダースと対戦車砲中隊一コが撃破された。

大混乱となったイギリス軍を尻目に、ビットマンはそのまま町に向かう。

「敵戦車！」

町の外縁でいきなり四両のクロムウェルが出現した。第四CLY連隊本部の車体である。

「徹甲弾、フォイエル！」

ビットマンは沈着冷静に行動し、たちまちそのうちの三両を撃破した。そのまま町に突入する。最後の一両のクロムウェルは、家の影に隠れて難をのがれた。ビットマンはそのまま前進をつづけた。

さらにくだって町の中心部まで侵入すると、多数の敵戦車を発見した。B中隊の戦車だった。いくらなんでも多勢に無勢だ。たちまち多数の弾丸が、ビットマンのティーガー目がけて飛んできた。

「後進！」

ビットマンはそれ以上の戦闘をあきらめ、戦車を後退させることにした。ビットマンは後ろ向きのまま、丘をのぼった。

丘をのぼりおえると、ビットマンはティーガーの向きを変えさせた。ようやく旋回して、正面に向きを変えた刹那、

「ガーン」

突然、前面に命中弾をうけた。さきほど撃ちもらしたクロムウェルだ。このクロムウェルはビットマンのティーガーを撃破すべく、後をつけてきたのだ。敵との距離はわずか五〇メートルしかない。

たちまち、もう一発が命中した。しかし、幸いにも貫徹しない。ぶ厚いティーガーの装甲は、この弾丸をはねかえして、びくともしなかった。

「徹甲弾、フォイエル！」

ヴィレルボカージュの戦闘でビットマンによって破壊されたクロムウェル戦車

逆にビットマンが八・八センチ砲弾をおみまいすると、このクロムウェルはたちまち装甲を貫徹されて擱座した。

こうしてビットマンは、大損害をうけたイギリス軍を尻目に、ヴィレルボカージュを脱出した。しかし、幸運は永遠にはつづかない。

突然、車体に衝撃が走った。数百メートルを走ったところで、ビットマンは脇道から発砲するイギリス軍対戦車砲大隊の砲火につかまってしまったのである。装甲を貫徹されることはなかったが、左側起動輪が撃ち飛ばされてしまった。これでは、戦車は動くことができない。

「脱出！」

ビットマンと乗員はいそいで、ティーガーの車外へと逃れでた。敵の銃弾が飛来する。窪地へころがりこんで逃れる。

味方の方角はどちらか？　彼らはしばらく迷走したが、運よくちょうどヴィレルボカージュへの攻撃を準備していたオルブワ・セールマンの戦車教導師団司令部へとたどり着くことができた。

「ドーン、ドーン」

第二一三高地上からふたたび砲声が聞こえてきた。ビットマンの部下である第二中隊の四両が、戦闘を開始したのである。彼らはヴィレルボカージュの東に陣どり、クロムウェル二両とシャーマン三両を撃破した。イギリス兵二三〇名あまりが投降し、ドイツ軍の捕虜となった。

さらに、第二中隊のすこし東に陣どっていた第一中隊も出撃し、ヴィレルボカージュに向かった。彼らは北方へ進出していたクロムウェル五両を撃破した。この攻撃には、戦車教導師団のⅣ号戦車数両もくわわった。

第一中隊の二両のティーガーと一両のⅣ号戦車は、そのままヴィレルボカージュの町へ突入し、残りのイギリス戦車への対決をいどんだ。

しかし、運は彼らを見放した。今度はイギリス軍が反撃する番であった。イギリス軍は強力なティーガー戦車を撃破するため、破壊された家屋のなかに隠れて、横腹から撃ちとってやろうと待ち伏せていたのである。

エルンストSS曹長のティーガー一一二号車は、これに気づかず前進しつづけた。

「ガーン」

車体に突然の衝撃が走る。なんと、ふたつの窓越しに撃ったファイアフライの砲弾が、後方から命中したのだ。装甲を貫徹されたティーガーは破壊された。Ⅳ号戦車は一一二号車を超越して前にでた。この車体は、路地に隠れた対戦車砲にやられた。

先頭のティーガー、ルカシウスSS中尉の一二一号車もやはり、後部にファイアフライの直撃弾をうけて擱座した。イギリス軍は歩兵部隊をともなっていなかったので、撃破された戦車の乗員は、擱座した戦車から脱出し、徒歩で逃走することができた。

このあと、さらに五両のティーガーが道路上を南方に突進したが、対戦車砲によって三両が擱座した。

こうしてイギリス軍は、なんとか仇をとることができた。だが、その帳尻はまったく合わなかった。

SS第一〇一重戦車大隊は、この日、三両のティーガー戦車が全損となった。

これにたいするイギリス軍の損害は、戦車二六両、ハーフトラック一四両、キャリアー一八両をうしない、何よりも重要なヴィレルボカージュの突破に失敗したのである。

この日午前、ほとんど単独でイギリス軍の攻撃をくい止めたビットマンは、この日の功績によって柏葉剣付き十字章に推挙された。ビットマンは二二日に同章を授章し、SS大尉に昇進した。

授章式は六月二九日にベルヒテスガーデンでおこなわれ、ビットマンは休暇をとって出向いた。彼は戦車教官になるようすすめられたが、これをことわり、部隊に残ることをえらんだ。

ティリー陥落と戦線崩壊

ヴィレルボカージュでのビットマンの奮戦によって、イギリス軍の突破は阻止された。それも、カーン防衛のドイツ軍にとっては、一時的な気休めにすぎなかった。

その後もイギリス軍は攻勢の手をゆるめず、カーン近郊では激戦がつづけられた。ビットマンによって迂回攻撃の絶好の機会をうしなったイギリス軍は、方針を変更した。ティリーから力づくで正面突破することにしたのだ。

一五日朝、猛砲撃のあとイギリス第五〇歩兵師団は大攻勢を開始した。攻撃の矢面にたった第九〇一機甲擲弾兵連隊は攻撃をおしもどし、血みどろの白兵戦を演じた。

ランジェビルは陥落し、翌日には機甲偵察大隊の守っていたラ・ベル・エピーヌもおちた。イギリス軍は、さらに左翼から第四九歩兵師団を進撃させた。彼らはSS第一二機甲師団のいるピュト・プルエー地区に進出した。

一六日、イギリス軍は、ティリー～バルロア街道沿いを広範囲にわたって戦線突破に成功し、カーン～コモン街道沿いのオトーへと進出した。

戦線崩壊の危機である。第九〇二機甲擲弾兵連隊の戦区であった。戦車教導師団のバイエルラインは、戦車教導連隊第一大隊のマルコフスキー中佐に命じた。

「ただちにオトーを奪回せよ」

すでにマルコフスキーの戦車は、出動準備をととのえていた。彼はすぐに二三両のパンターに、第一、第二中隊の擲弾兵を乗せて出撃した。

マルコフスキーのパンターを先頭に村に突入する。イギリス兵のたてこもった家々からは、激しい防御砲火が浴びせられる。

「各個に撃て！」

マルコフスキーが命令すると、各車は敵の発射光めがけて撃ちまくった。

敵弾がうなる。一両のクロムウェルがマルコフスキーの戦車を狙ったがはずれた。マルコフスキーはただちに反撃し、このクロムウェルはわずか一〇メートルの距離で吹き飛ばされた。

村に突入した擲弾兵は、家をひとつずつシラミつぶしにしてイギリス軍を追いだし、夕方には村は奪回された。マルコフスキーは戦車を撃破されて負傷後送された。

オトーを奪回したものの、ティリーが危険になったのだ。ティリーは二時間後には戦車部隊を呼びもどさなければならなかった。今度はティリーが危険になったのだ。例によってモグラたたきである。

六月一七日、イギリス軍はほとんど一日中にわたって砲撃をつづけ、ドイツ軍戦線をたたきにたたいた。艦砲までくわわった激しい射撃で、ドイツ軍の戦線は完全に掘りかえされた。

一八日、夜明けとともにイギリス軍の攻撃が再開された。イギリス第五〇歩兵師団とその左翼の第四九歩兵師団は、激しく攻めたてた。

午後七時四五分、イギリス軍はついにティリーを占領した。ドイツ軍の戦線は村の南に再構成されたが、さらにイギリス軍はカーンを包囲するように前進をつづけた。めざすはオドン川、さらにオドン川を越えてオルヌを占領する。

　そうすれば、カーンはもうおしまい。そして、ノルマンディーのドイツ軍戦線は分断されてしまうのである。

第14章　三三日目に陥ちたノルマンディーの攻略目標

ノルマンディー海岸に上陸した英・カナダ軍はカーンをめざすが、ドイツ軍の必死の抵抗に一進一退をつづけていた。しかし、ティリー占領により戦局は大きく変化しようとしていた！

一九四四年六月二二日〜七月九日　カーン陥落

イギリス軍の突破戦

六月六日、ノルマンディーの海岸に上陸したイギリス軍は、激しいドイツ軍の抵抗にあい、なかなか内陸部に進撃することができなかった。彼らはカーンの前面でくい止められてしまい、やむなく西方へと迂回せざるをえなかった。

バイユーからヴィレルボカージュへの攻撃は撃退されたが、六月一八日、ようやくティリーに進出することができた。

さらに、イギリス軍はティリーから南に進出し、西方からカーンを包囲するように前進をつづけた。攻撃目標はオドン川を越えてオルヌに進出し、戦略要衝一一二高地一帯の丘陵地帯を占領するというものであった。

六月二二日、イギリス軍の攻撃は開始された。イギリス軍第四九歩兵師団は、サン・ピエールとクリスト方面からフォントネーへ突入しようとしていた。

激しい砲撃で大地はゆさぶられた。イギリス軍は例によって、猛砲撃で攻撃を開始した。フォントネーの町は、すでに瓦礫の山と化しつつあった。

その残骸にたてこもっていたのは、SS第一二機甲師団「ヒトラー・ユーゲント」第二六機甲擲弾兵連隊の一七、一八歳の少年たちであった。

砲撃が止み、あたりはすっかり明るくなった。

「キュラキュラキュラ」

あの音は戦車だ。敵戦車群が低い丘を越えて、フォントネーへと突入しようとしているのだ。第三大隊の戦闘指揮所はフォントネーのすぐ北の農家にあった。

六月一四日にSS第一二機甲師団長のヴィット少将が戦死したため、第二六機甲擲弾兵連隊長のマイヤー准将が、師団の指揮をとっていた。彼は砲撃のなか、指揮所へといそいだ。

マイヤーが到着すると、すでに報告がはいっており、戦車連隊のパンター戦車が反撃を開始したところであった。パンターは巧妙に偽装されており、敵戦車は気がつかない。

「ピカッ」

発砲とほとんど同時に命中した。パンターの高初速徹甲弾の威力はものすごく、たちまち敵戦車は吹き飛んだ。

イギリス軍車両のまわりに、ドイツ軍の砲撃が指向される。たちまち歩兵は算を乱して逃

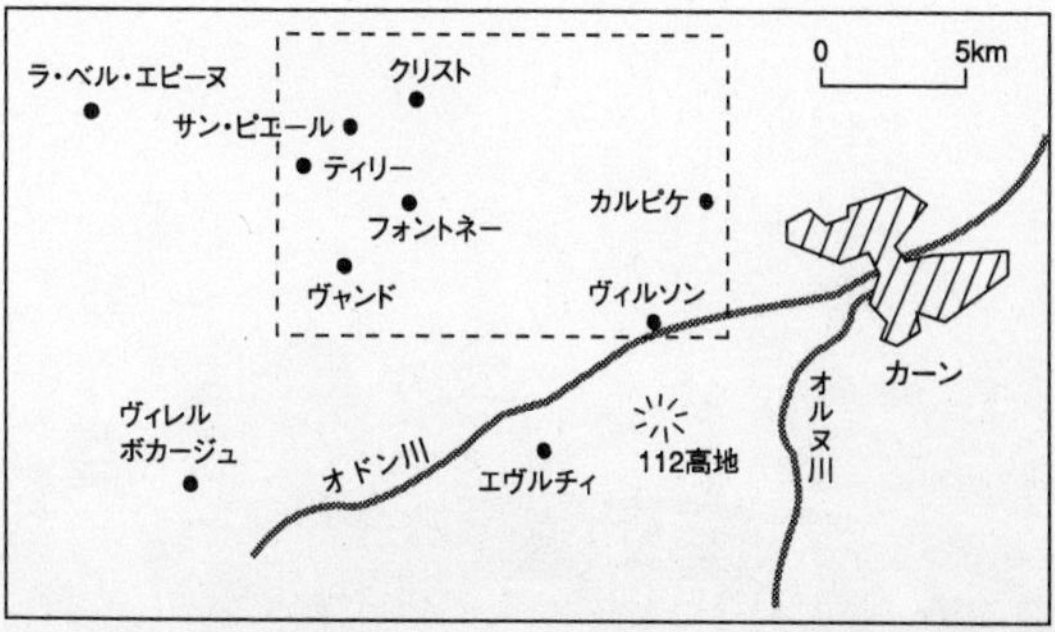

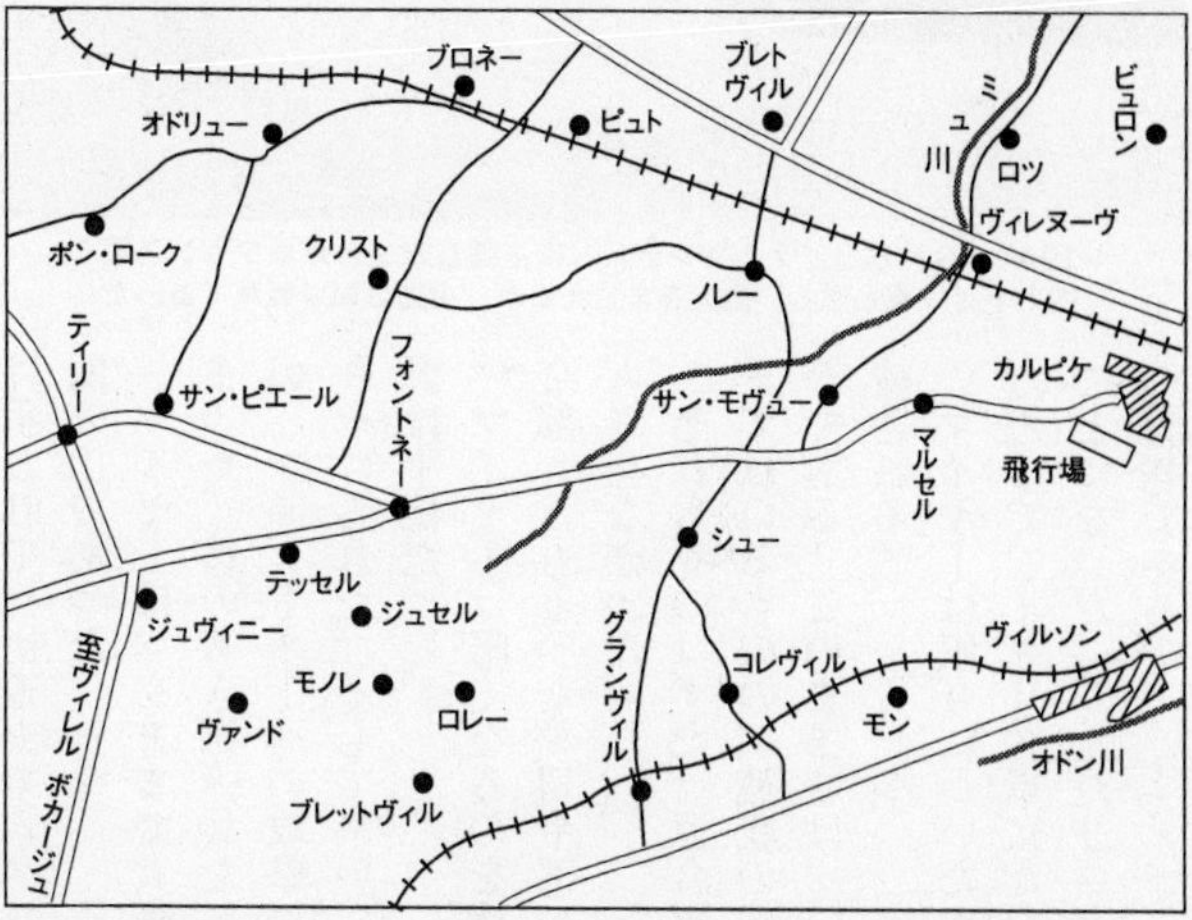

げだした。しかし、それで終わり。ドイツ軍の砲撃は、すぐ打ち止めとなった。

弾薬不足で、砲兵は節約しなければならなかったのだ。補給は絶望的であった。後方からは何も送ってこない。たまさか補給をこころみても、連合軍戦闘爆撃機につ

1944年６月６日、ノルマンディーに上陸した連合軍はフランス国内のドイツ軍と激しい砲火をまじえるが、主力はＭ４戦車であった

け狙われて、街道上でムクロをさらすのが関の山であった。

マイヤーは、夕方まで大隊指揮所にとどまった。彼の若き擲弾兵たちは献身的に戦い、フォントネーへの攻撃はことごとくしりぞけられた。そして幸いにも、師団の右翼は平穏だった。

マイヤーは暗くなるのを待って、師団司令部へともどった。司令部では、だれの顔もさえなかった。

それもそのはずだ。連合軍の猛攻をささえてはいるものの、彼我の戦力差はあきらかである。このままでは、いずれ戦線は突破される。

マイヤーは眠りについたが、数時間眠っただけで、イギリス軍にたたき起こされることになった。ふたたびフォントネーからの警報である。

イギリス軍第四九歩兵師団が猛砲撃の援護のもと、フォントネーへと突入したのである。テッセル・ブレットヴィルの西の森は、すでに敵に奪われ、もはや手のつけようがなかった。

マイヤーがフォントネーに駆けつけると、村はもはやその跡形をとどめていなかった。廃墟となった村のせまい道を、英戦車は狂ったように主砲と機関銃を撃ちまくりながら、道を進んできた。

ドイツ軍の個人用対戦車兵器パンツァーファウストをもつ兵士

味方の対戦車砲はすでに砲撃でやられてしまった。擲弾兵たちはあちこちの廃墟にたてこもり、パンツァーファウストで敵戦車への戦いを挑んだ。

一人の兵士がパンツァーファウストをつかんで薮から飛びだし、敵戦車へと走りよる。パンツァーファウストの射程はたった三〇メートルしかないのだ。おもちゃのような照準器で照準をつけると、発射ボタンを押した。

「ポシュ」

オタマジャクシのような形をした弾頭が打ち

だされ、山なりの弾道をえがいて戦車に命中した。

成型炸薬弾頭が爆発して、戦車の装甲板をうがち、内部に高温高圧のガスを吹きこむ。戦車は燃えあがって擱座した。

突然、第一戦車大隊長がマイヤーのいるクレーターに飛び込んできた。戦車一コ中隊による反撃を報告した。一〇〇メートル後方にいて、前進してくるという。

頭上を、うなりをあげて戦車砲弾が飛びぬけた。廃墟の擲弾兵とわたりあっていた英戦車を攻撃する。

パンター戦車は、フォントネー〜シュー街道を横切って前進した。戦車と戦車の決闘が開始された。

戦車砲弾が飛びかう。至近距離からの壮絶な殴りあいで、双方に損害がでた。

マイヤーはフォントネーの兵たちを訪れようと、ルックデーシェルSS中尉の乗った中隊長車を追った。

マイヤーが廃墟にたどり着き、兵たちと話をしていると、突然、近くで衝撃が走った。中隊長車が命中弾をうけたのだ。

中隊長車は左へ向きを変えると、停止した。

ハッチがあけられ、中からはもくもくと煙りが吹きだした。ハッチからルックデーシェルがはいだし、よろよろとこっちに歩いてきた。

片腕がない。ばったり倒れると、そのまま動かなくなった。兵士が壁の影にひっ張りこんで、衛生兵を呼んだ。

英軍の最後の攻撃も撃退し、フォントネーは守り抜かれた。しかし左隣では、敵はSS第一二機甲師団戦区の側面深く食いこみ、すでにジュヴィニーにたっしていた。

敵の突破の危険は高まった。侵入した敵を撃破せよ。軍団から命令がくだる。

戦車連隊の一コ大隊に、なけなしの捜索大隊の残余をつけて反撃をおこなう。

イギリス軍とはくらべものにならないかわいい準備砲撃につづいて、ドイツ軍の攻撃が開始された。部隊はテッセル・ブレットヴィルを抜けて、西一・五キロの森へと向かった。

英戦車との対決である。敵は数両の戦車をうしなうと、暗くなるころには森から撤退した。

しかし、そこまでだった。主戦線は回復できなかった。兵力が足りないのだ。

軍団司令部はあきらめなかった。機甲部隊を最後の最後まで、敵侵入地区に投入しろと命じてきたのである。

この命令は、とてもマイヤーに承諾できるものではなかった。そんなことをすれば、師団の戦区には予備の戦車部隊がまったくいなくなってしまうではないか。

第二六機甲擲弾兵戦区では、すでに多数の戦車を擁する敵大部隊の攻撃準備陣地が確認されているのだ。敵はくる、確実にやってくるのだ。

第二戦車大隊は、敵の攻撃を撃退する絶好の位置にあるのだ。口をすっぱくして説いても、軍団司令部は聞く耳をもたなかった。こうしてSS第一二機甲師団戦区から、戦車の姿は消えてなくなった。

マイヤー准尉の東奔西走

六月二六日、ＳＳ第一二機甲師団はジュヴィニーへの攻撃を開始した。最初のうち、反攻は比較的順調に進んだが、やがてイギリス軍の反撃がはじまり、停滞するようになった。ノルマンディー特有の生け垣にかこまれた地形は見通しがきかず、ドイツ軍戦車は射程の優位を生かすことができなかった。そして、何よりも痛かったのは、歩兵のすくなさだった。このため、戦車の支援も、拠点の確保も十分にできない。敵の猛砲撃で戦車と歩兵は分離され、協同は困難になり、やがて指揮さえも不可能となった。

戦車と戦車のぶつかりあいはつづき、あちこちで戦車の墓標をしめす黒煙がたちのぼっていた。反攻は尻すぼみとなり、何も得るところなく終わりとなった。

その間に東では、はるかに恐ろしい事態が生起しようとしていた。イギリス軍の攻撃である。

イギリス軍の砲撃が開始された。ドイツ軍陣地につぎつぎと着弾する。イギリス軍は三時間にわたって砲撃をつづけた。

砲撃の後からは、六〇〇両の戦車が前進を開始した。イギリス軍は、休養十分な完全編成の機甲一コ師団と歩兵二コ師団（それぞれ戦車一コ旅団がつく）をもって、ＳＳ第二六擲弾兵連隊の戦いに疲れ、消耗した三コ大隊が守る五キロメートルの広範囲の戦線で、一斉に攻撃を開始したのである。

マイヤーはロレーにあって、敵の砲撃の渦にまきこまれた。大攻勢だ！

敵は連隊戦区を突破して、カーンの占領を狙っている。そう判断したマイヤーは、ジュヴィニー攻撃を中止するとともに、ロレーの死守を命じた。そうしてマイヤーは、フォントネーへと向かった。

しかしマイヤーは、わずか数百メートルしか進むことができなかった。

道はすでに敵戦車砲の射撃にさらされていた。これ以上、北に進むことはできない。イギリス軍の戦車とハーフトラックは第二六連隊の戦線に突入し、擲弾兵に集中砲火を浴びせていた。擲弾兵は地面にへばりつき、死にもの狂いに戦っていた。マイヤーはヴィルソンの師団司令部に向かった。

師団司令部には、絶望的な報告があふれていた。どこもかしこも戦線は危機的状況だった。しかし、司令部そのものが戦場となるとは！

ヴィルソン北方を突破して、敵戦車が殺到してきたのである。マイヤーはヴィルソン北方の本部中隊陣地に飛びこんだ。塹壕にこもった兵士は、必死の覚悟でパンツァーファウストを握りしめた。

ヴィルソンのせまい道に、シャーマン戦車二両がはいりこんだ。擲弾兵がパンツァーファウストをつかんで立ち向かった。先頭のシャーマンが通りすぎ、二両目が横腹をみせた瞬間、パンツァーファウストが発射された。

「ボン」

命中弾をうけた戦車は、数メートル進んでとまった。一方、先頭の戦車は地雷を踏んで擱座し、戦車兵は捕虜となった。

イギリス戦車は、マイヤーのはいる塹壕にも迫ってきた。マイヤーは、みずからパンツァーファウストをかたく握りしめた。むざむざと死ぬものか。

「ガラガラガラ」

あれは！　たった一両だが、味方のティーガーが駆けつけたのだ。八・八センチ砲は、たちどころにシャーマンを撃ちとった。敵はまわれ右をした。

マイヤーは司令部に帰る途中、二両の敵戦車が撃破されているのを発見した。司令部の伝令兵がパンツァーファウストでやっつけたのだ。司令部からは二〇〇メートルしかない。ここがSS第一二機甲師団の最前線なのだ。

この奮戦もむなしかった。二七日午後、イギリス軍は第一一機甲師団をもって、オドン川橋頭堡の確保に成功したのだ。

ずっと南でも、イギリス軍はオドンの橋を奪い、一一二高地に近づいたのである。一一二高地はSS戦車連隊の戦車が確保することになっていた。しかし、イギリス軍が一歩先んじた。

二九日朝、イギリス軍は激しい砲撃のあと、戦車を駆けあがらせて高地を確保したのである。

要衝一一二高地の争奪戦

一一二高地は、そのままイギリス軍のものにはならなかった。一一二高地からは、カーンへの接近路を一望のもとに見渡すことができるのだ。なんとしても奪還しなければならない。

SS第二機甲軍団の新司令官ビトリッヒは、すぐさま一一二高地の奪還を命じた。

三〇日早朝、ドイツ軍の攻撃は開始された。かき集められた砲兵は、高地になけなしの砲弾を撃ちこむ。丘の上の観測兵を追いはらわれた第七ロケット砲旅団のネーベルベルファーが、恨みをこめてうなりをあげる。SS第一二戦車連隊の戦車は、薄い霧にまぎれてイギリス軍陣地に近づいた。

「前進！」

砲撃が止んだ瞬間をとらえて、戦車が走りだす。主砲と機関銃を撃ちまくりながら、丘を駆けのぼった。

「敵襲！」

イギリス軍守備兵は気がつくのが遅すぎた。いそいで対戦車砲の砲身をめぐらすが、戦車の方がはやかった。

金属がこすれあう音がひびき、対戦車砲はぺちゃんこに踏みつぶされた。イギリス軍部隊は大あわてで撤退し、一一二高地はふたたびドイツ軍のものとなった。

すくなくともこれで、カーンを直接観測されるおそれはなくなった。幸いにも、補給と再編成のためイギリス軍は攻撃を中止し、戦線にはひさしぶりに静けさがもどった。

しかし、ドイツ軍の絶望的な状況に変わりはなかった。イギリス軍第八軍団は、すでにSS第一二機甲師団戦区に深く食いこんでおり、いつでもカーンを攻撃することができた。もはや師団には、イギリス軍を撃退する力は残っていなかった。上陸いらいの損害で、連隊の戦力は大隊に、大隊の戦力は中隊に、中隊の戦力は小隊に落ちこんでいた。

後方からは何も送ってこない。彼らはまだ、師団が紙の上の戦力をもっていると思っているのか。

「カーンを死守せよ!」

総統は命じた。しかし、それは師団の最期を意味していた。

イギリス軍のカーン総攻撃は七月七日夜に開始された。それは猛烈な爆撃と艦砲射撃を序曲とする鉄の暴風であった。

五〇〇機を越すランカスター、ハリファックス重爆撃機が夜、市の北縁を爆撃して二五〇〇トンもの爆弾を投下した。カーン市街は燃えあがる瓦礫の山となった。ただし、ドイツ軍にはたいした損害はなかった。彼らはカーン市街に布陣していなかったのである。

しかし、それだけではすまなかった。イギリス軍は重砲や艦砲を総動員して、猛烈な準備砲撃を開始したのである。

発射音と着弾音が入りまじり、砲撃は切れ目なくつづいた。塹壕は押しつぶされ、巨大な戦車も、木の葉のように吹き飛ばされてひっくり返った。SS第一二機甲師団の戦区は、ズタズタにひき裂かれた。

サン・ローにひき抜かれた戦車教導師団にかわって、左翼にあった第一六空軍地上師団は、たちまち蹴散らされた。彼らはたまたま地上戦にふり向けられた空軍の人員で、装備は悪く練度も低くて、このような戦闘に耐えられるわけはなかった。

師団の指揮はうしなわれ、いくつかの拠点が絶望的な抵抗をつづけるだけだった。

イギリス軍第三歩兵師団の戦車と歩兵は、その脇を滔々《とうとう》と通りすぎ、SS第一二機甲師団防衛線の側面に襲いかかった。

SS第一二機甲師団の正面には、イギリス軍第五九歩兵師団とカナダ第三歩兵師団が襲いかかる。それぞれ歩兵に戦車旅団が支援する。これを四コ大隊で守ろうというのだ。

敵の攻撃の重点となったのは、第二五擲弾兵連隊第一大隊戦区であった。第五九歩兵師団とカナダ第三歩兵師団の一部が襲いかかってきた。攻撃開始後一時間で、大隊は中隊長のほとんどすべてをうしなった。

第二大隊はすでに対戦車砲を破壊され、パンツァーファウストで敵戦車と戦った。ティライSS大尉は、たった一人で三両のシャーマンをやっつけたが、四両目を狙ったときに、返り討ちにあった。

第三大隊はカナダ第三歩兵師団を相手に、ビュロンとオーティの廃墟にたてこもって戦いつづけた。マイヤーはSS第一二戦車連隊の第一大隊を市の北縁に送り、第二大隊には北東のカパレを守らせた。

警報につぐ警報。ついに敵がガルマンシュとビュロンの間を突破したのだ。さらに、イギリス軍はサン・コンテストを攻略し、師団司令部のあるダルデンヌの修道院への道を制圧した。

SS第一二戦車連隊第二大隊は、ただちに反撃した。なんとか敵を撃退したものの、サン・コンテストは奪回できなかった。敵があまりに優勢すぎるのだ。

明けわたされたカーン

マイヤーには不思議だった。敵はこれほど優勢なのに、なぜこんなに進撃がのろいのだろう。

彼らの戦いぶりは、まるで第一次世界大戦のようだった。多数の戦車を集中して、いっきょにドイツ軍戦線を突破しようとはせず、戦車は歩兵の援護にしか使用されなかった。砲兵の射撃で戦場をたがやし、戦車に支援された歩兵が進出して、敵陣を占領する。

こんな戦いぶりのおかげに、SS第一二機甲師団は助けられた。それでも、あまりにも師団の出血は激しく、戦線をささえることしかできなかった。

激戦のあと、敵は午後にはグリューシーを占領した。そこを防御していた第二六機甲擲弾兵連隊第一六中隊は全滅した。オーティとフランクヴィルもカナダ軍が攻略した。

師団の状況は、もはや絶望的であった。擲弾兵たちは連絡をたたれ、孤立して戦いつづけた。もはや司令部とは、無線でしか連絡がとれなかった。

マイヤーはビュロンの第三大隊のシュティーガー大尉と話した。大隊のほとんどは戦死し、敵戦車は村の前に陣どっている。救出しなければなるまい。

マイヤーの手元に残されたのは、リッペントロップ中尉のひきいる一五両のパンターだけだった。マイヤーは手持ちの戦車を、すべてさし向けることにした。

カーンのすぐ北の斜面に待機していた戦車大隊に命令がくだる。

「パンツァー、マールシュ！」

リッペントロップは命令した。もはや大隊とはよべない残存戦車は出動した。ダルデンヌの教会の上からは、直接この戦車戦を見ることができた。

村のせまい街路で、戦車と戦車は壮絶な殴りあいをくりかえす。両軍ともに大損害をだしたが、敵の攻撃はついえた。

こんどの敵戦車は、オーディからまっすぐダルデンヌの教会へと押しよせてきた。マイヤーはリッペントロップのパンターを呼びもどすしかなかった。

命中弾をあびたシャーマンが吹き飛ぶ。シャーマンは司令部の西一〇〇メートルのところで燃えあがった。司令部は救われた。

戦闘をやめるわけにはいかない。マイヤーはパンターに乗ってキュシーへと向かった。そこはSS第一二対空砲大隊第一中隊が守っていた。

カーンふきんの戦闘で撃破されたパンター戦車を調査するイギリス軍

中隊長のリッツェル大尉自身が砲手をつとめる八・八センチ砲の前で、三両のシャーマンが燃えていた。

マイヤーが教会にもどると、ふたたびビュロンから絶望的な報告が届いた。ビュロンには敵の戦車と歩兵が侵入し、敵の火炎放射戦車は擲弾兵を焼き殺した。

第三大隊の戦闘指揮所も戦車に踏みつぶされて、いまや戦闘をつづけていたのは村の西側だけだった。もはやこれまで。

マイヤーはカーンから撤退することを決意した。夜のうちに脱出し、師団の生き残りをオルヌ川東岸にうつすのだ。

軍団はヒトラーの命令をたてに、撤退を許可しなかった。いくら抗議しても無駄だった。マイヤーは激怒した。このまま犬死にしろというのか。部下たちは四週間、昼も夜も戦いぬいてきたのだ。

マイヤーは命令を無視し、カーンからの撤退を開始した。重車両はただちにオルヌ川の東岸にわたった。暗くなるころには、各大隊はカーンの東まで後退した。

幸いにもカナダ軍は追ってこなかった。深夜にはダルデンヌの教会を放棄して、負傷兵を後送する。このときだけカナダ軍戦車があらわれたが、キュシーの八・八センチ砲が刺しちがえた。彼らは陣地内に突入する敵兵と白兵戦を戦い、戦死したのである。

深夜すぎ、マイヤーは各指揮官に撤退の決意を伝えた。

午前三時、ようやく軍団司令部は撤退を許可した。敗残の部隊は粛々とオルヌ川を渡り、東岸の新陣地へうつった。

七月九日、イギリス軍はドイツ軍が放棄したカーンへはいった。こうしてカーンは陥落した。しかしそれは、連合軍の予定表より遅れること三二日、上陸からじつに三三日後のことであった。

第15章　モントゴメリーの火遊びが残したツケ

カーンを解放したイギリス軍のつぎなる行動は、周辺に残存するドイツ軍を掃討することにあった。このためモントゴメリー将軍は三コ機甲師団を中核とする大規模な作戦を展開した！

一九四四年七月一八日〜二一日　グッドウッド作戦

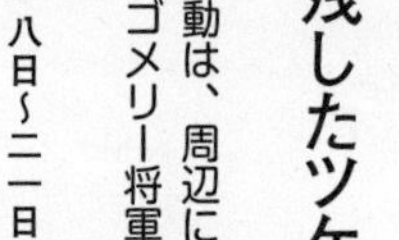

カーン南部の激戦つづく

七月九日、イギリス軍はカーンを解放した。もちろん、戦闘はこれで終わりではなかった。ドイツ軍はカーンを撤退したものの、その後背地、カーンとファレーズの中間地域にあらたな防衛線を敷き、イギリス軍がカーンから出撃することを阻止しようとした。

カーン西方のオドン川を越えてイギリス軍が確保した橋頭保をめぐっての戦闘が激化しており、突破が懸念された。

あらたな防衛線では、これまでの打ちつづく激戦で消耗しつくしたSS第一二機甲師団は、戦力回復のため、ファレーズの北約三〇キロのポティニーに移動した。

その代わりにカーン南部に進出したのは、戦車も重対戦車火器も欠く第二七二歩兵師団で

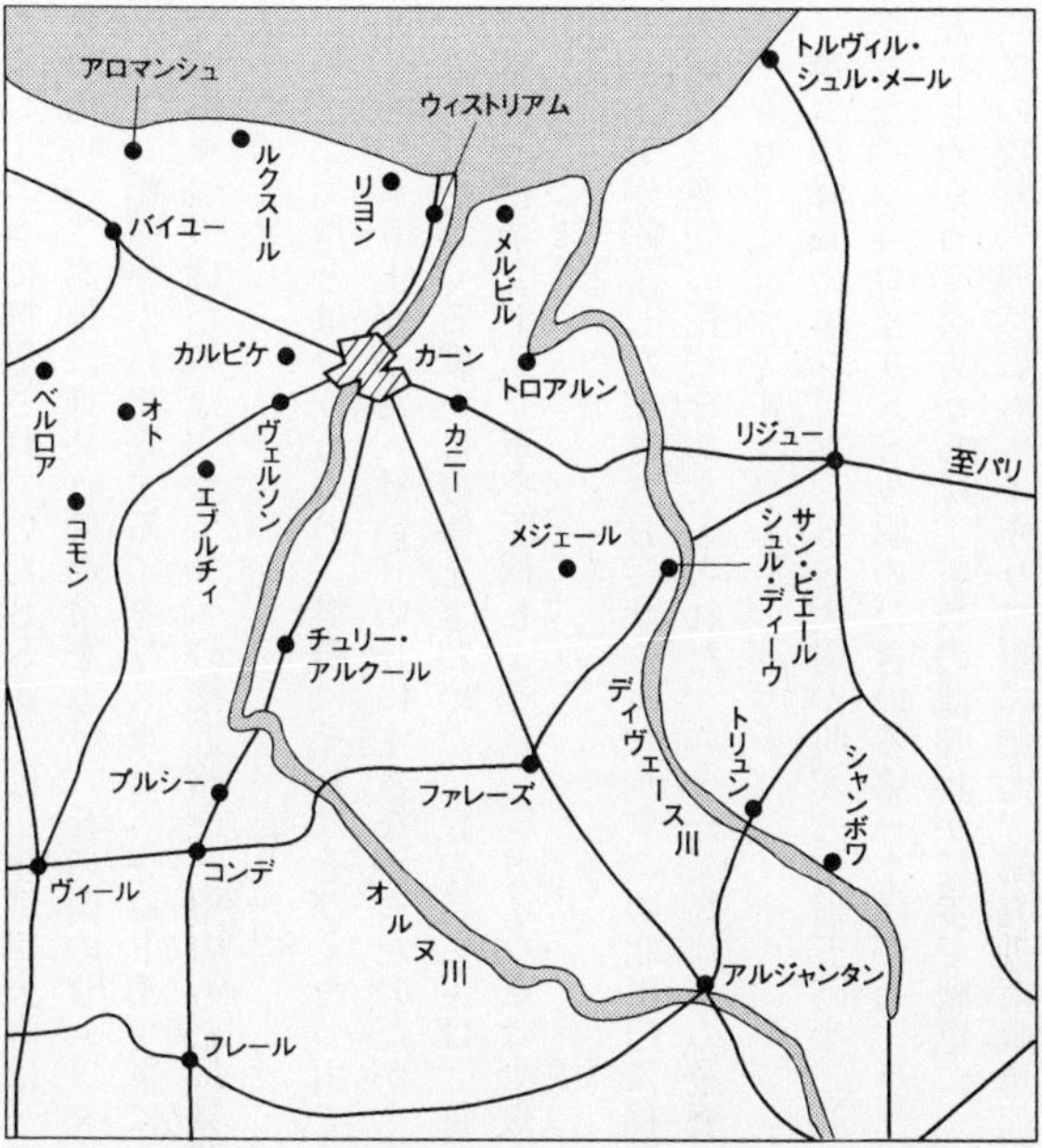

あった。その左翼にはSS第一〇機甲師団があり、右翼には上陸いらいの激戦で出血しつづけた第二一機甲師団、カーン攻防戦ですでに敗残の第一六空軍野戦師団の残余、やはり敵戦車に対抗するには戦力不足の第三四六歩兵師団がならんでいた。

ベルギーからノルマンディーに送られた貴重な増援兵力のSS第一機甲師団は集結中で、カーンの南、エテルヴィルとモンデヴィルの中間にあった。

カーンの危機をたびたび救ったビットマンのSS第一〇一重戦車大隊は、七月九日から一六日にかけて、エブルチィの南に再集結した。また、ヴォコーニュに控置されていたSS第一〇二重戦車大隊は、七月九日にエブルチィの北東四キロの一一二高地に進めとの命令をうけ、丘の南のサン・マルタンに集結していた。

オドン橋頭堡から出撃するイギリス軍と、守るドイツ軍にとって、あいかわらず攻防の焦点でありつづけたのは、カーンへの接近路を一望のもとに見渡すことのできる一一二高地であった。

一一二高地とはいうものの、実際にそれはそびえたつ山ではない。まわりより一〇メートルくらいもり上がった、せいぜい丘にすぎなかったのだが……。

この丘をめぐる戦いは凄惨をきわめた。丘の持ち主は、毎日変わった。イギリス軍は強力な砲兵と物量でドイツ軍を圧倒しようとし、ドイツ軍は少数の精鋭たちの奮闘でもちこたえた。

カーンが陥落した七月九日、サン・マルタンの北出口に移動したドイツ軍第一〇二重戦車大隊は、翌朝の任務をあたえられた。「一一二高地への逆襲」である。

「パンツァー、マールシュ!」

第二中隊長のエンデマンSS大尉が叫ぶ。午前五時半、第一〇二重戦車大隊の攻撃は開始された。シュロイフSS少尉のひきいる第一小隊が右、ラッァク軍曹のひきいる第三小隊が左にしたがう。後方からは、少数の擲弾兵が徒歩で戦車につづく。

この攻撃は偶然にも、イギリス軍の第七、第九近衛戦車連隊の攻撃とぶちあたることになる。

ノルマンディー海岸に上陸した連合軍との戦いで活躍したティーガー戦車であったが、補充がつづかないため戦力は先細りとなった

前方の坂を半分ほど登った生け垣のあたりで突然、轟音がとどろいた。

「ヤーボ！」

敵対地攻撃機の襲撃だ。第一小隊が攻撃をうけた。

「右だ！」

ティーガーは生け垣を盾にして攻撃をかわす。

「全速！」

一方、第三小隊は速度を上げると、生け垣の左側を通りぬけて、その前方二〇〇メートルほどの雑木林に逃げこんだ。ヤーボをやりすごした第一小隊も、雑木林の左手をすすむ。その間に擲弾兵は両者の間にはいりこむ。

ちょうどその刹那、前方に突きでた斜面で発砲炎が輝いた。敵の対戦車砲だ。

「ガーン」

ピレールSS軍曹の二一三号車が被弾して擱座した。

「後退!」

操縦手はギアをバックにいれ、ティーガーは全速力で後退する。小隊は進路を右にかえ、ふたたび前進をこころみた。

「敵戦車、徹甲弾、フォイエル!」

ラッァクSS軍曹の二三一号車が、丘の斜面にいた敵戦車を仕留めた。

つづいてシュロイフSS少尉が、二両目、三両目の敵戦車と対戦車砲を屠《ほふ》った。これで斜面の右側は安全となった。好機とばかりに第一小隊が進出する。

エンデマンSS大尉の乗った二二一号車は右側へと驀進していった。しかし、大尉の車体は進路を右にとりすぎ、薮の中へはいりこんでしまった。二二一号車の無線機は故障しており、中隊長とはそれっきり、連絡のとれないまま行方不明となった。

開豁地にでたティーガー戦車にたいして、敵の激しい砲撃が浴びせられる。しだいに敵の砲撃は激しさを増す。炸裂する榴弾、発煙弾によって、視界はほとんど効かない。

第一小隊は数両の敵戦車を撃破したが、第三小隊はシュトロイ軍曹の三一一号車をうしなった。

大隊からの撤退命令で、ティーガーはサン・マルタン道の北側三〇〇メートルまで後退した。

午後一一時、擲弾兵の集結を待って、サン・マルタン道の北側、マトルー付近から反撃が開始された。ティーガーはイギリス軍戦車と遭遇戦を演じながら前進した。

　この攻撃は翌朝午前五時一五分に再興された。目的は一一二高地付近の主防衛線の回復である。

「パンツァー、マールシュ！」

　シュロイフSS少尉の乗る二一二号車は、たちまち敵戦車二両を仕留めた。

「ガーン」

　ヴィンターSS軍曹の二三二号車に衝撃が走る。敵対戦車砲弾が命中したのだ。損害にもかまわず、攻撃はつづけられた。

「敵戦車、徹甲弾、フォイエル！」

「対戦車砲、榴弾、フォイエル！」

　ティーガーは、敵をつぎつぎと撃破して前進しつづける。結局、敵戦車三両、対戦車砲八門、装甲車両一五両を撃破し、高地上に進出することに成功した。こうして一一二高地は、ふたたびドイツ軍の手中に帰し、主防衛線は回復された。

　このあと、一一二高地ではドイツ軍とイギリス軍の間で争奪戦が演じられるが、戦闘の焦点はもっと東へと移動する。それはカーンの東側にイギリス軍が確保したもうひとつの橋頭堡、オルヌ川橋頭堡からの攻撃である。

　カーン周辺の戦闘のゆきづまりを打開するため、モントゴメリーはあらたな攻撃作戦を発動する。「グッドウッド」作戦である。

「グッドウッド」作戦発動

連合軍の憂いは深かった。カーンは陥落したものの、それは予定表より一ヵ月も遅い。もし、このままドイツ軍の戦線を突破できず、膠着状態がつづいたら。やがて冬になり、連合軍のアドバンテージの航空優勢も役にたたなくなる。

こうしてモントゴメリーは、一大突破作戦を計画した。彼は、カーンの東のオルヌ川対岸に確保した橋頭保に機甲師団三コを集結させて、カーン西方に集中したドイツ軍戦車隊の背後をつく作戦をとった。これこそがカーン突破の「グッドウッド」作戦であった。

突破にあたる機甲部隊は、イギリス第八軍団（オコナー中将）の第七機甲師団（第二二機甲旅団、第一三一歩兵旅団）、第一一機甲師団（第二九機甲旅団、第一五九機甲旅団）、近衛機甲師団（第五近衛機甲旅団、第三二近衛歩兵旅団）である。

彼らはまず南にキュベルヴィルからドゥモヴィルに進み、さらに南東にフレヌヴィルからヴィモンにいたる。さらに前進が可能なら東にすすみ、最終目標はパリ付近のセーヌ川であった。これらの部隊の左翼では、イギリス第一軍団（クロッカー中将）部隊が、側面援護とドイツ軍の掃討にあたった。

さらに、支作戦としてカナダ第二軍団（サイモンズ中将）によって、機甲部隊の右翼をカーン北東のコロンベルからカーン市街を掃討し、モンドヴィル、コルメルへすすみ、その南のヴェリエール、ロクアンクールにいたる「アトランティック」作戦も発動された。

この作戦の主力はカナダ第二、第三歩兵師団、第二機甲旅団で、さらにその左翼をイギリス第四三歩兵師団、右翼をイギリス第三、第五一歩兵師団が援護した。

アフリカいらいのモントゴメリーの好敵手ロンメルは、イギリス軍の不穏な動きに気づいており、カーン周辺部隊に警報が発せられるとともに、防衛態勢が強化された。

ノルマンディーのドイツ軍陣地を爆撃するB24

防衛線は五線にわたり、各防衛線には機甲戦力に援護された歩兵による防御地帯がもうけられ、その背後には対戦車砲が配置されていた。防衛線は一〇キロもの縦深があり、イギリス軍が想定したものよりはるかに深いものであった。

しかし、なんたる皮肉か、ロンメルは一七日午後、前線視察からの帰途、乗っていた乗用車がイギリス軍機の攻撃をうけて重傷をおっていた。

七月一八日午前五時二五分、イ

ギリス軍は「グッドウッド」作戦を発動した。イギリス軍の砲兵および艦砲射撃で、ドイツ軍の防衛線は掘りかえされた。主に目標となったのは、ドイツ軍の対空陣地であった。

これらの砲撃は、上陸いらいイギリス軍の砲撃を浴びつづけたドイツ兵たちにとって、なにほどのものでもなかった。しかし、これは大作戦開始のほんの序曲でしかなかった。

「ゴオーン、ゴオーン」

ドイツ兵たちは彼方からせまる爆音に、空を見上げた。イギリス、アメリカ軍の重爆撃機の大編隊で空は真っ黒にそまった。対空陣地への砲撃は、これら爆撃機隊の侵入を容易にするためであった。一五九五機の重爆撃機の編隊は、ドイツ軍陣地にたいする絨毯《じゆうたん》爆撃を開始した。

一〇〇〇ポンド爆弾が炸裂する。爆弾には瞬発から一五秒までの各種遅延信管がとりつけられ、塹壕だけでなく、土盛りやレンガ造りの掩蔽壕をも破壊しようというのだ。

つづいて中型爆撃機四八二機が侵入した。彼らは二五〇ポンド、五〇〇ポンドの破片爆弾を投下し、地上にあるすべてのものを破壊した。

しかし、それだけで終わりではなかった。地表すれすれまで降下した戦闘爆撃機が、生き残った防御拠点と射撃陣地を攻撃する。翼下のロケット弾が白煙をひいて飛んでいく。つづいて機関銃の掃射。動くものはなにひとつ容赦されず、戦闘爆撃機の餌食となった。

激しい砲爆撃を生き残った運のよいドイツ兵たちは、なかば埋もれた塹壕からはいだし、ほうけた顔で空を見上げた。

しかし、一息つく間もなく午前七時四五分、ふたたび連合軍の準備砲撃が開始された。あちこちで土埃が上がり、ひっくりかえった火砲や車両が、ずたずたになって舞いちる。火砲約七〇〇門の砲撃で、すでにズタズタになっていたドイツ軍の戦線は、完全にすきかえされた。これで終わり？

そうでないことは、だれにもわかった。イギリス軍の攻撃がはじまるのだ。それも、とほうもない規模の……。

出撃したイギリス戦車隊

イギリス軍の出撃準備陣地では、蝟集《いしゅう》した戦車部隊がエンジンをふかし、いまやおそしと出撃命令を待っていた。ドイツ軍陣地にたいする準備砲撃は、しだいに射程をのばし、後方へと移動していく。

「前進！」

ついにイギリス軍戦車隊の進撃が開始された。

イギリス軍戦車隊は出撃陣地がせまいため、三コ機甲師団すべてが踵《かかと》をならべて進発することは不可能だった。このため、一コ機甲師団ごとに一コ機甲連隊が縦隊となって前進し、開豁地にでてから展開することになっていた。

この前進路の不足は、イギリス軍にたいへんな災厄をもたらすことになる。

先頭をきって前進を開始したのは、第一一機甲師団であった。その左翼部隊の第二九機甲旅団は、第三王室機甲連隊を先頭にしてエルヴィレットを出撃した。

当初、第二九機甲旅団の進撃はうまくいった。彼らはすでに敗残で戦意を喪失し、激しい砲爆撃で重機材のほとんどをうしなった第一六空軍野戦師団の戦区に襲いかかったのである。

「戦車だー、助けてくれ！」

二〇〇両もの戦車の集団が押しよせた第四六猟兵連隊第一大隊の生き残りの兵士は、われ先にと逃げだした。防衛線は、あっという間に突破された。戦車はすぐにエスコヴィル、トゥッフルヴィルを占領した。

彼らは午前八時四〇分には、カーン～ドズュレの鉄道線路を越えた。その後、第二九機甲旅団は左翼に第三王室機甲連隊、中央に第二ファイフ・アンド・フォーファー義勇騎兵連隊、右翼に第二三軽騎兵連隊をならべて南に進撃をつづけた。

第二九機甲旅団の西方をいく第一五九歩兵旅団は、第二ノーザンプトンシャー・ヨーマンリー連隊を先頭に、キュベルヴィルへ襲いかかった。ここでも第四六猟兵連隊第一大隊は敗走し、キュベルヴィルは午前一〇時一五分には占領された。

キュベルヴィルの西方には、連合軍の上陸いらい戦いつづけたドイツ軍第二一機甲師団第二二戦車連隊第四中隊があった。

彼らはイギリス軍の絨毯爆撃で、大損害をうけていた。戦車はひっくり返り、若い戦車兵のなかには、あまりの爆撃の激しさで自殺したものまでいたという。

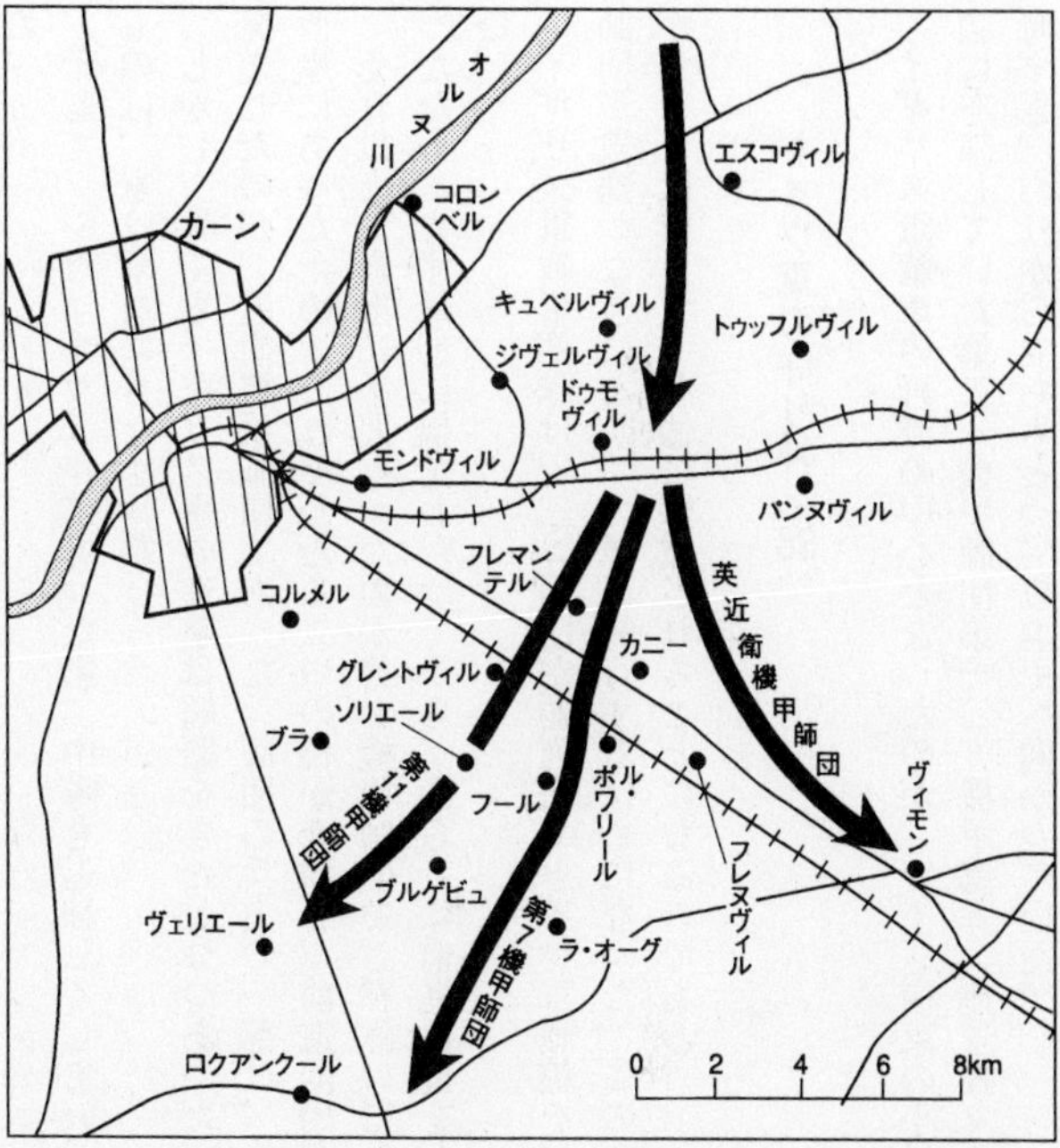

「敵襲！」

生き残りの五両のⅣ号戦車は、イギリス軍の攻撃に健気《けなげ》にも反撃をこころみた。しかし、多勢に無勢である。たちまちのうちに四両が撃破され、かろうじて四一三号車だけが脱出に成功した。

またドゥモヴィルには、やはり第二一機甲師団に所属する第二〇〇突撃砲大隊第一中隊があった。彼らのⅢ号突撃砲（同大隊は以前は捕獲フランス戦車改造自走砲を装備していたが、ノルマンディー戦までには新型装備を受領していた）も、爆撃によって粉砕されてしまった。

そして、ジヴェルヴィルにあった第二中隊も退却してしまい、イギリス軍を押しとどめるものは、もはやなにもなかった。

しかし、早くもイギリス軍の進撃は齟齬《そご》をきたしつつあった。第一一機甲師団につづいて発進したのが、近衛機甲師団であった。師団の兵力の一部は、まだオルヌ川とカーン運河の西岸にあったため、これをわたる二つの橋が渋滞し、前進開始が遅れることになった。

それ以上に進出に手間どったのが第七機甲師団で、部隊のほとんどがカーン運河の西にあったため、まず最初に橋をわたってから、あらたに前進準備をととのえなければならなかった。

イギリス軍戦車部隊は、三コ師団が並列してドイツ軍戦線を打撃するのではなく、三つの師団が数珠つなぎになって、単に続行するはめになった。このため、その打撃力を十分に生かすことはできず、各個に撃破されることになるのである。

ドイツ軍の守り神「88」

イギリス軍戦車の奔流の中心となったのが、カーン南東の小村カニーであった。カニー周辺に布陣していた第二一機甲師団第一二五機甲擲弾兵連隊長フォン・ルック少佐は、午前九時すぎ、パリから立ちもどってカニーへ向かっていた。

その途中、彼はみずから恐ろしい光景を目撃した。イギリス軍戦車の大群が、カニーを迂回して西南に進撃していたのである。これらは第二ファイフ・アンド・フォーファー義勇騎兵連隊の約三〇両の戦車であった。

ルック少佐が大あわてでカニー市内にはいると、驚いたことに、そこでは無傷の「アハト・アハト」八・八センチ対空砲四門（第六四対空砲連隊第二大隊のもの）が、空をにらんでいたのである。

ルック少佐は対空砲を指揮していた若い大尉、中隊長のブッデンジークに命令した。

「君はすぐにカニーの北縁に移動し、進攻中の戦車を攻撃したまえ」

大尉からの答えは、驚くべきものであった。

「少佐、私の目標は敵の航空機で、戦車と戦うのは貴方の仕事です」

大尉はこういうと、その場を立ち去ろうとした。ルックはほとんど爆発寸前であった。彼は大尉に追いすがると、拳銃を突きつけてこういった。

「死ぬか、勲章をもらうか」

イギリス戦車部隊の猛攻にたちふさがったのは8.8cm対空砲だった

ブッデンジーク大尉は、四門の「アハト・アハト」をカニー北方に移動させると、対地任務についた。

「近づくものはすべて撃つんだ。絶対にここを通すんじゃない」

彼らはルック少佐の指示にしたがって、「アハト・アハト」をつるべ撃ちに撃ちつづけた。射撃目標には事欠かなかった。敵はすでに南下中で、こちらには横腹をさらしている。たちまち四両のシャーマンが炎上し、その他一四両の装甲車両が撃破された。

カニーの手当てをおえたルック少佐は、カニーのさらに南東方で戦闘中か、後退中の第二〇〇突撃砲大隊各中隊にたいして、後退して防戦中の第一二五機甲擲弾兵連隊を支援するよう命じた。すでに後退中の第二中隊はフォリに配置され、第三中隊はグレントヴィルからソリエールに移動した。

第四中隊はフレマンテルからル・ポワリールへ、ル・プリウレ付近で第二三軽騎兵連隊を阻止し、数両の敵戦車を撃破していた第五中隊は、フールまで退却した。

さらに、これらの突撃砲部隊の後方には、ブラからベラングルヴィルにいたる街道沿いに、第三対空砲軍団の八・八センチ対空砲群が展開して、阻止火網をきずいていた。

イギリス軍戦車は損害にかまわず、遮二無二に前進をつづけた。昼ごろまでには第三近衛戦車連隊はブラ付近に、第二ファイフ・アンド・フォーファー義勇騎兵連隊はブルゲビュ東方に到達した。

しかし、突撃砲と「アハト・アハト」、そして第九ネーベルベルファー旅団の激しい砲撃は彼らの突破をはばんだ。大損害をこうむった第二九機甲旅団の残存戦車は、フールおよびソリエールに後退した。

一方、後続の近衛機甲師団第五近衛機甲旅団の先鋒、第二近衛機甲擲弾兵連隊は昼ころにはカニーに到達した。西方のパンヌヴィルにあった第五〇三重戦車大隊は、稼働戦車をかき集めて反撃を試みた。

「パンツァー、マールシュ！」

ティーガーが先頭となり前進開始。突然の衝撃がきた。ティーガー戦車二両が、正面装甲を撃ちぬかれて撃破された。敵の新型対戦車砲に恐れをなした大隊の反撃は中止された。大隊を迎え撃ったのは、なんとあの「アハト・アハト」であった。彼らには敵と味方の戦車の識別ができなかったのである。

「敵重戦車二両撃破」の戦果に、彼らはわきたった。そして、迫りくる第二近衛機甲擲弾兵連隊相手にも、たっぷりとその砲弾をお見舞いした。

その結果、夕方までにイギリス軍連隊は一五両の戦車を撃破されることとなる。しかし最終的に、「アハト・アハト」は弾薬を撃ちつくしたため、砲を破壊して南に脱出した。

カニーの「アハト・アハト」の脅威におびえた第五近衛機甲旅団の残る二つの連隊、第一近衛機甲コールドストリーム連隊と第二近衛アイリッシュ連隊はカニーを大きく迂回して、カーン～ヴィモンの鉄道線路にでた。

しかし悪いことに、この行動は後続する第七機甲師団の前進路をふさぐことになった。

それはともかくとして、カニーの「アハト・アハト」の脅威がなくなった第五近衛機甲旅団は、南東のヴィモンへと突破をはかった。

フレヌヴィルには、すでにドイツ軍第一二五機甲擲弾兵連隊、第二〇〇突撃砲大隊、第五〇三重戦車大隊、第二二戦車連隊の防御陣地が構築されていた。彼らは約六〇両の戦車を撃破され後退した。

一方、その第一一機甲師団第二九機甲旅団第二三軽騎兵連隊は、ル・ポワリール北方からブルゲビュ方面に、この日最後の攻撃をこころみた。この攻撃は、おりよくブルゲビュに到着したSS第一機甲師団によって阻止された。結局、この日だけで第一一機甲師団は一二六両もの戦車をうしなった。

イギリス軍は一九日にも、残存戦力のすべてをまとめてドイツ軍への攻撃をこころみた。ドイツ軍は頑としてブルゲビュからラ・オーグの防御陣地を保持しつづけた。

二〇日にはカナダ第二軍をも使用して、ドイツ軍に圧力をくわえたが、結果はおなじだった。こうしてイギリス軍の突破は完全に失敗におわり、攻撃は中止された。モントゴメリーの火遊びは大損害をだし、ほんの一〇キロほど進出する成果しかあげることはできなかった。

しかし、この戦いは、ドイツ軍部隊をカーン付近に吸引し、その貴重な戦力を消耗させ、西方での別の脅威、アメリカ軍の突破を助けることになるのである。

第16章　〝エース〟バルクマンのむなしき戦い

ノルマンディー海岸に上陸後、東方のイギリス軍はカーンをめぐる戦いで進撃をはばまれていたが、西方のコタンタン半島でもアメリカ軍はドイツ軍の抵抗にあって作戦は進展しない！

一九四四年七月八日〜八月一日　コブラ作戦

米軍のシェルブール占領

連合軍のノルマンディー上陸作戦以後、激しい攻防がつづき、両軍の戦闘の焦点となったのは、上陸海岸の東側カーン周辺であった。しかし、もっと西方では、ひそかに危機が進展していた。

六月六日、オマハ、ユタの海岸に上陸したアメリカ軍は、上陸後まず西に進み、空挺部隊と連携するとともに、はやくも一七日にはコタンタン半島を横断してバルヌヴィルで大西洋岸に到達した。

こうして、半島を防衛するドイツ軍を南北に分断すると、その後、アメリカ軍は北に進んだ。目標は半島先端にあるシェルブールである。

シェルブールは連合軍にとって、いの一番目に奪取すべき、なによりも重要な港湾であった。二一日、ついにアメリカ軍はシェルブールを包囲した。

シェルブール港は、難攻不落の要塞であった。しかし、それは海からの攻撃にたいしてである。要塞の火砲は、陸側を撃つようにはできていなかった。

ドイツ軍は半島から後退した部隊とともに、シェルブール周辺に薄っぺらい防衛線を敷いたが、敗残の部隊にできることはすくなかった。彼らは必死で防戦につとめたが、それは時間稼ぎに過ぎなかった……。

二七日、シェルブールは占領された。シェルブール周辺でのドイツ軍の抵抗は三〇日までつづいたが、もはや意味のあるものではなかった。

ただし、シェルブール港そのものは、ドイツ軍が徹底的に破壊したため、とうぶんは連合軍の補給拠点として使用することは不可能となった。これは連合軍にとって大きな誤算であった。

半島のドイツ軍を一掃したアメリカ第七軍団は、方向を南に転じた。いよいよノルマンディーのドイツ軍戦線を突破して、南へフランス本土への進撃にとりかかったのである。

彼らは第八軍団と合流し、ノルマンディー戦線西部を守るドイツ第七軍に襲いかかった。

攻防の焦点となったのは、サン・ローであった。

サン・ローはコタンタン半島のつけ根に位置し、主要街道と鉄道線路が交差する交通の要衝であった。ドイツ軍は激戦がつづくカーンから、戦車教導師団を投入した。

七月三日夜、西方へと移動を開始した師団は、翌日夜にはサン・ローに到着した。師団は七日には再集結をすませた。

まさにその七日、アメリカ軍第九、第三〇歩兵師団をもってル・デゼール付近でヴィール川を渡河し、サン・ロー後方への進出をはかった。これにたいして翌日、戦車教導師団はヴ

サン・ロー付近の戦闘でアメリカ第１軍第７軍団の90ミリ対戦車砲の側方からの射撃により破壊された戦車教導師団のパンター戦車

イール川にそった反撃を開始し、なんとかアメリカ軍を撃退することに成功した。

しかしそれは、一時の休息にすぎなかった。アメリカ軍がほとんど無尽蔵に予備戦力を投入できたのにたいして、ドイツ軍の増援は限られていた。しかもそれらは、イギリス軍が猛攻をかけるカーン周辺に吸引されてしまっていた。

このため、ノルマンディー西方のドイツ軍防衛部隊は、とぼしい兵力による、まさに英雄的な奮闘でアメリカ軍を阻止しなければならなかった。それは蟷螂《とうろう》の斧にほとんどひとしかった。

そうした英雄の一人が、SS第二機甲師団「ダス・ライヒ」の戦車長、騎士十字章受賞者エルンスト・バルクマンSS曹長であった。

バルクマンは一九一九年八月二五日、ホ

ルシュタインのキスドルフに生まれた。開戦前の一九三九年四月一日に召集されたが、義勇兵としてSS第二連隊「ゲルマニア」に入隊する。第二次世界大戦勃発いらい、ポーランド戦、フランス戦、ロシア侵攻作戦に参加し、一九四一年七月に負傷する。

傷が癒えたのちの一九四二年に、あらたに編成されたSS第二機甲師団「ダス・ライヒ」に戦車兵として配属された。当初はⅢ号戦車に乗っていたが、一九四三年夏から新鋭主力戦車パンターに乗りこむことになる。彼はパンターを駆ってハリコフ攻防戦、ドニエプル川への後退戦闘を戦い、敵戦車数十両を撃破して第一級鉄十字章を授与されている。

パンター戦車は、主力戦車として広範囲に使用されたため、各所の戦場で活躍をしている。しかし、その戦車戦の記録は、それほど華々しくは伝えられていない。

なんとも不思議だが、それはたぶんその戦場がつねにドイツ軍の負け戦であったことと、一方で危急の戦場を救う火消し役としての戦功が、ほとんど伝説となったティーガーの活躍に隠されてしまったことなどがあるだろう。そうしたなかで、パンター戦車でかくかくたる戦功をあげた戦車エースといえるのが、バルクマンであった。

一九四四年初頭、師団は休養と再編成のためフランスに移動し、南フランス西部のトゥールーズ周辺に展開した。六月、そこで連合軍のノルマンディー上陸作戦に遭遇することになる。直後にノルマンディーへの移動を命じられるが、レジスタンス活動のさかんな地域を通過することになったため、その前進はひじょうに手間どった。

結局、彼らがノルマンディーに到着したのは、上陸からほとんど二週間後の一八日のことであった。師団は六月末から七月初頭にかけて、サン・ロー周辺で再集結した。師団はここで戦車教導師団とともに、アメリカ軍を迎え撃つことになる。

バルクマン曹長の奮戦

バルクマンがはじめてアメリカ戦車と戦うことになったのは、七月八日のことであった。そう、ノルマンディーの先輩部隊、戦車教導師団のヴィール川での反撃と呼応して、彼らも出撃したのだ。

この日、SS第二戦車連隊第一大隊は、エンセリンクSS少佐の指揮のもとに、ペリエから二キロのサン・セバスチャン・ド・レーを出発すると、北東六キロのサンテニーに向かって攻撃を開始した。

先鋒となったのはバルクマンの所属する第四中隊であった。

「パンツァー、マールシュ！」

隊列の先頭に立ったのはバルクマンであった。みなれないシルエット。いままでなれ親しんだロシア戦車とはちがう。アメリカ軍のシャーマン戦車だ。バルクマンがシャーマン戦車と遭遇したのは、このときがはじめてだった。

「徹甲弾、フォイエル！」

シャーマン戦車の薄っぺらい装甲を、パンター戦車の七〇口径七・五センチ砲は、まるでブリキ缶をあけるように撃ち抜いた。バルクマンは最初のシャーマン戦車をしとめた。強力なドイツ戦車の出現に驚いたアメリカ軍の戦車隊は、いそいで回れ右をすると、全速力で逃げだした。

突如、戦車のまわりに、嵐のごとく砲弾が落下した。砲撃を避けようと、戦車は思い思いの方向に走りだし、中隊の戦車はちりぢりになった。まわりでは生身の擲弾兵が傷つき倒れた。

バルクマン自身も、負傷した擲弾兵とともに、戦車の腹の下にもぐって難を逃れた。こうして中隊の攻撃は頓挫した。

翌九日、ふたたびバルクマンは出動した。アメリカ軍第三機甲師団がペリエ方面に進出したのである。彼らは圧倒的に劣勢であったが、果敢にアメリカ軍を迎え撃った。アメリカ軍は前進に手間どり、攻撃はのろのろとしたものだった。アメリカ軍は彼らの手におえない、強力なドイツ戦車におびえていたのかもしれない。

ダス・ライヒのパンター、Ⅳ号戦車は、ドイツ軍の間隙部をついて前進しようとするアメリカ軍戦車を、一日中、叩きつづけた。

ノルマンディーの戦闘は、これまでバルクマンが経験した東部戦線での戦闘とは、大きくことなっていた。ボカージュとよばれるノルマンディー独特の生け垣、立てこんだ家なみ、行きかう道路が交錯した地形で、戦闘は至近距離で起こった。

戦闘する部隊規模は、連隊、大隊どころか、中隊、小隊単位であった。そこでは一両、一

ヨーロッパ大陸反攻に参加した米軍の主力戦車М４シャーマン

両の戦車による機転をきかせた迅速な行動がものをいった。

そしてもうひとつ、ヤーボの脅威があった。空は完全に連合軍のものであった。我が物顔に飛びまわる連合軍機は、動くものを見れば、なににでも襲いかかった。攻撃をふせぐ方法はなかった。

ひとつあるとすれば、見つからないように逃げ隠れすることだった。ドイツ軍戦車兵にとって偽装は、ほとんど習《なら》い性となった。小枝や木の葉で戦車をおおうのは、戦車の手入れの基本であり、生存の条件でもあった。

一二日にもバルクマンは敵戦車二両を撃破、一両を行動不能にした。そのまま中隊は小グループにわかれて、警戒態勢をとったままボカージュにひそんだ。バルクマンはパンターのまわりを、ぐるりと見まわす。

「ヴェルケ、偽装をなおせ」

バルクマンは無線手のヴェルケに命令した。ヴェルケは戦車から飛び降りると、あたりからぐあいのよさそうな枝を集めて、戦車にくくりつけた。

「アミーどもは来ますかね」

「ああ、たぶんな」

バルクマンは答えた。

一三日の夜が明けた。バルクマンは双眼鏡をかまえて、敵のいそうな箇所を懸命にさぐっていた。

「！」

ボカージュでなにかが動いた。

「配置につけ！」

射撃の邪魔になる小枝をとりはらうと、バルクマンのパンターはボカージュの陰に隠れた。

「砲塔、一一時。徹甲弾、距離四〇〇！」

ボカージュのなかでガタガタと音が聞こえ、向こう側に丸っこいシャーマンの車体が見えた。

後ろには、さらに五両がいた。シャーマンが隠れていられると思ったボカージュには、人が通れるくらいの穴があいていたのだ。こちらからは、その姿は丸見えだった。

「照準よし！」

砲手が叫ぶ。

「フォイエル！」

砲口から飛びだした弾丸は、わずか〇・五秒で目標に到達する。

バルクマンの放った弾丸は、たちまち先頭のシャーマンをつらぬく。シャーマンの車長がハッチから飛びだすと、ハッチからはすぐ真っ黒な煙りがわきだし、やがて戦車は燃えあがった。残りのシャーマンは停止して、こちらをうかがっている。

「フォイエル！」

バルクマンの放った徹甲弾が、ふたたびシャーマンを襲う。二両目のシャーマンのキャタピラに命中した。動けなくなったシャーマンの砲塔が旋回する。けなげにも、その戦車砲で反撃しようというのだ。敵の弾丸は、バルクマンのパンターの五メートル後方に着弾した。地面には大きな穴があいた。あわてた敵は、榴弾を撃ってきたのだ。

「フォイエル！」

バルクマンの放った第三弾は、シャーマンの砲塔をつらぬいた。被弾した敵は沈黙した。残った四両のシャーマンは、なにを血迷ったか、バルクマンのパンターに一斉に機関銃を浴びせかける。

しかし、こんなものはなにほどのこともない。パンターのぶ厚い装甲には、傷ひとつつけることはない。せいぜい表面のツィンメリットがはがれたぐらいのものだった。

バルクマンが三両目の敵を狙おうとする間に、敵のシャーマンは回れ右をすると、目標も定めずに射撃をしながら全速力で逃げだした。たちまち、その姿はボカージュの陰にかき消えてしまった。

「撃ち方止め！」

　ほっと一息ついたところに、一人の擲弾兵が駆けよってきた。

「アミーが後ろにまわりました。対戦車砲をもっています」

「わかった、踏みつぶしてやる」

　バルクマンは戦車を旋回させると急いで走りだした。林の中をしばらく走ると、アメリカ軍歩兵の一団に遭遇した。

「榴弾、四〇〇」

　バルクマンの命令が飛ぶ。

「フォイエル！」

　一発目は白樺の梢をかすめて炸裂した。

「フォイエル！」

　もう一発。敵歩兵の隊列の真ん中で榴弾が炸裂し、敵は大混乱となった。逃げまどう敵に、前方機関銃手はここを先途と撃ちかかる。

「敵は後退するぞ」

　バルクマンはパンターを全速力で走らせて、敵を追撃した。

「ピカッ」

　突如、閃光が走った。対戦車砲弾が砲塔をかすめた。

「パック！　近いぞ」

全員が目を皿のようにして敵対戦車砲をさがす。競争に勝ったのはバルクマンだった。

「榴弾、フォイエル！」

二発で敵対戦車砲は吹き飛んだ。

「ガーン」

突然、激しい衝撃が走った。巧妙に隠されたもう一門の対戦車砲が、彼らに牙をむいたのだ。パンターは真正面から砲防盾を撃ち抜かれた。たちまち戦闘室には火災が発生した。

「アウフボーデン！」

バルクマンにつづいて操縦手、装塡手、無線手が飛びだす。砲手は……。幸い命中した衝撃で気絶しただけで、すぐあとから飛びだした。

「火を消せ！」

全員で必死になって戦車の消火にあたり、幸い戦車の火を消すことができた。こうしてバルクマンは、なんとか戦車を動かして修理部隊にもっていくことができた。

乗車は修理にまわされたが、バルクマンに休んでいる暇はなかった。翌日、バルクマンは命じられた。

「戦車三両をひきいて、敵中に包囲された第四中隊の戦車四両を救出せよ」

彼には別の車体があたえられた。バルクマンがうけとりにいくと、これは修理された中古車両であった。しかも砲塔内には、頭部を撃ち抜かれて戦死した戦車長の血糊が、べっとりと染みついたままだった！

なんと不吉な。しかし、バルクマンは損害なく、敵中を突破することができた。バルクマンたちが所定の攻撃位置につくと、包囲されていたパンターはおのおの脱出することができた。

バルクマンは、脱出した戦車にかわって位置についた。アメリカ軍が突破をはかったが、バルクマンが三両のシャーマンをしとめると、回れ右して後退した。

バルクマンの仕事は終わらない。昼ころに連隊長のタイクゼン中佐が、バルクマンのところをたずねてきた。

「あっちの家の中に味方の負傷兵がつかまっている。取りかえすんだ」

三両のパンターは、全速力で八〇〇メートル先まで走り抜いた。敵は退却し、負傷兵は無事に救いだすことができた。

毎日、戦車同士の小競りあいはつづいた。バルクマンは戦果をかさねたが、ドイツ軍はしだいに押されていく。七月一八日、ついにアメリカ軍はサン・ローに突入した。

発動された「コブラ作戦」

サン・ローを攻略したアメリカ軍は、かねて用意されていた突破作戦の準備にとりかかった。いつまでも狭い海岸堡にとどまっているわけにはいかない。

もともと連合軍の計画では、上陸日プラス一七日の六月二三日までには十分な地歩をきずき、内陸への機動戦にうつる予定になっていたのだ。イギリス軍よりはましだが、やはりアメリカ軍も、ドイツ軍の激しい抵抗でそのスケジュールは大きく遅れていた。

七月二五日、アメリカ軍の攻勢、「コブラ作戦」が開始された。彼らはサン・ローからペリエまでの六キロの正面に、第四、第九、第三〇の三コの歩兵師団を集中して攻撃し、彼らがあけた突破口から機械化部隊を突入させようというのである。

物量にまさるアメリカ軍は、じゅうたん爆撃でドイツ軍陣地を破壊した。ノルマンディー戦開始いらい、たびかさなる重圧に耐え抜いてきた戦車教導師団は、戦車、兵員のじつに七割にのぼる大損害をうけ、後退せざるをえなかった。

前線には大穴があいた。アメリカ第七軍団は第二機甲師団を先頭にこの突破口に突入した。二六日、「ダス・ライヒ」は、この敵をくい止めるために戦車教導師団戦区に移動した。敵の航空優勢にもかかわらず移動はうまくいった。しかし、よりによってバルクマンのパンターは、移動中にキャブレターの調子がおかしくなってしまった。

修理隊の兵士は、その場で修理しようとした。しかし、それがいけなかった。敵のヤーボに発見されたのである。

「グオーン」

四機のヤーボが、バルクマン車めがけて空から降ってきた。草地にすわりこんだパンターは、いい的であった。パンターのまわりに弾丸が一列になって着弾し、土埃りを舞いあげる。

ノルマンディーで無傷の状態で米軍に捕獲
されたSS第２機甲師団のパンター戦車

あけっ放しのエンジンハッチから、一発が機関室内に飛びこんだ。弾丸は冷却器とオイルクーラーを撃ち抜いた。さらにエンジンが燃えあがり、パンターは火炎につつまれた。幸い、人員には被害はなかった。

いそいで火を消して修理にとりかかる。一晩かけて、なんとか修理することができた。二七日の夜明け、バルクマンは出発した。

バルクマンは中隊に追いつくと、クータンスへ補給部隊との連絡任務を言いつけられる。彼がクータンス～サン・ロー街道の途中、ル・ロレイに到着すると、バルクマンは驚くべき光景を目撃した。

味方の擲弾兵と補給部隊の兵士が、算を乱して逃げだしてきたのである。

「アミーの戦車が、サン・ローからこっちへ向かってくる！」

なんと、すでに敵が突破したのである。

「戦闘用意！」

バルクマンは決然と敵に勝負をいどんだ。バルクマンのパンター424号車は、十字路脇の待ち伏せ位置に陣どった。そこは十字路から一〇〇メートルほど離れており、側面が土盛りと藪で隠された理想的な射点であった。

「左から戦車が接近中、フォイエル！」

バルクマンは道路上を前進する敵にたいする射撃を開始した。たちまち先頭の二両の戦車が爆発し、十字路をふさいだ。これで後続の車両は通れなくなる。道路上は逃げまどう敵で大混乱となった。

バルクマンは敵のハーフトラック、ジープ、トラックを撃ちまくり、数分のうちに十字路は燃えあがる車両の墓場となった。道路からはずれて、左から二両のシャーマンがあらわれたが、これもバルクマンが撃破する。

ヤーボがあらわれバルクマンの戦車を攻撃する。わずか五メートルの距離に爆弾が落ち、戦車は揺すぶられた。しかし、バルクマンは現在地にとどまって敵を撃ちつづけた。

多数のシャーマンがあらわれ、バルクマンはさらに二両を撃破した。しかし、バルクマンのパンターも多数の被弾でボロボロだった。バルクマンは戦車をゆっくりと後退させると避退した。バルクマンはこのとき、さらに一両のシャーマンを撃破した。

クータンスに向かう街道上でのバルクマンの奮戦は、進撃するアメリカ軍の行動を阻害し、撤退するおおくの友軍部隊を助けることになった。

バルクマンは二八日にも二両の損傷して動けないパンターを牽引して、大胆不敵にもクータンスに突入し、アメリカ軍部隊を撃ちまくった。三〇日にも、おなじように牽引パンターとともにアメリカ軍を攻撃する。

七月三一日には、アメリカ軍はアブランシュを占領した。ついに門はひらかれたのだ。バルクマンも八月一日の午後、戦車を爆破し、機関短銃を手に、徒歩で友軍戦線に脱出せねばならなかった。

もはやアメリカ軍の戦力は、少数のドイツ兵の英雄的な奮戦だけではどうしようもないぐらいに膨れあがっていた。アメリカ軍はパットンの第三軍を投入し、自由フランス地区への突破作戦を敢行した。

パットンはアブランシュのせまい回廊を七二時間で、じつに七コ師団を通過させたのである。

ドイツ軍は二五キロの突破口をふさぐために、全力をつくした。瀕死のドイツ空軍までが出動したのである。彼らは、セリュヌ川にかかるただひとつの橋、ポントボ橋を八月三日から七日にわたって、昼夜をわかたず攻撃したが、ついに破壊することはできなかった。

アメリカ戦車の奔流はとどまることはなく、ノルマンディーのドイツ軍全部が包囲される危険におちいったのである。

第17章　かくて幕を閉じた「史上最大の作戦」

ノルマンディーに上陸した連合軍の猛攻を二ヵ月にわたって耐えてきたドイツ軍は、乾坤一擲の反撃作戦を発動させたが、すでに戦機は去っており、あとは壊滅の時を待つだけだった！

一九四四年八月六日～二一日　リュティヒ作戦

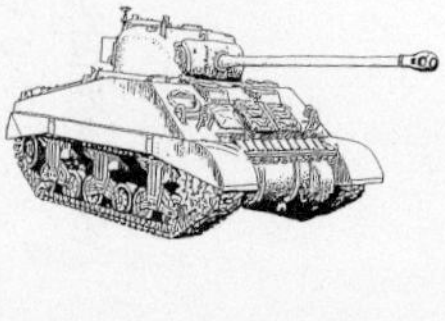

ヒトラーの無謀なる賭け

連合軍の上陸後二ヵ月、連合軍のたえ間ない攻撃のもとで、健闘をつづけてきたドイツ軍の戦線は、崩壊の危機にさらされていた。

カーンを解放したイギリス軍は、不首尾には終わったものの、「グッドウッド作戦」によってドイツ軍に圧力をかけ、消耗したその戦力を、さらに破壊寸前にまですりつぶした。

そして、とぼしいドイツ軍兵力がカーン周辺に吸引されている間に、アメリカ軍はアブランシュを突破し、ドイツ軍戦線の後方、自由フランス地区へと奔流となって流れだしていた。

「進め、進むんだ！」

パットンの号令のもと、突破口から扇形に、西はブレスト、ロリアンへ、南はサン・ナゼール、ナント、トゥールへ、そして東はル・マンへと進撃する。

アメリカ軍の奔流をすぐさま止めねばならない。そのまま放置すれば、ノルマンディーのドイツ軍全部が後方から包囲されてしまう。

「アブランシュという門をつぶさなくては、フランスのドイツ軍戦線は総くずれとなる」

その危険は、現地のドイツ軍第七軍、B軍集団司令部にははっきり認識されていた。穴をふさぎ、パットンの補給路を断つのだ。

現地では、これはドイツ軍戦線を救うためにどうしても必要と考えられていたのだが、はるかかなた、東プロシャのヒトラー総統本営ではちがっていた。彼らの目にはこれは単なる危機ではなく、大きなチャンスと写っていたのだ。

「カウボーイの将軍が一本の道と橋を使って、一コ軍をブルターニュに送ろうというのか」

これこそ驕《おご》りたかぶった敵に、壊滅的打撃をあたえるチャンスだ。こうしてドイツ軍最高司令部が、戦局を一気に逆転せんものとして案出された乾坤一擲の反撃作戦、「リュティヒ作戦」が発動されることになる。

ヒトラーはあくまでも夢想家であった。彼はノルマンディーに投入した機甲師団九コのうちの八コ、さらにドイツ空軍に一〇〇〇機もの兵力の投入を求めた。

すりつぶされて、ほとんど紙の上だけの機甲師団に、ノルマンディー戦の開始いらい、ほとんど見ることのなかった空軍。それでも、すぐに作戦が発動されれば、まだなんらかの見込みはあるかもしれない……。

ヒトラーは戦車、砲、飛行機が集まるまで攻撃を待つつもりだった。クルスクのときとおなじだった。あのときも、そうして待ったあげく、ドイツ軍は敗れた。

戦争には戦機というものがある。戦機を逃せば、いくら兵器を集めようとも勝利はおぼつかない。ましてや、物量をほこる連合軍との兵器集積競争では、ドイツ軍に勝ち目などなかった。

ルンテシュタットの後を継いで西方軍最高司令官になったクルーゲ元帥は、ヒトラーより賢明だった。彼は即座に攻撃することを主張した。彼は総統本営のヨードル元帥に電話した。しかし、その応えはあきれるほど楽観的なものであった。

「突破したアメリカ軍のことは心配するにおよばない。それが多ければ多いほど、退路を断たれる敵兵力が増える」

なんたることか。

クルーゲはこんな楽観論につきあうつもりはなかった。待つことなどできない。すぐに作戦にとりかからなければならない。

クルーゲは「リュティヒ作戦」の開始を、八月六日深夜に決定した。

「リュティヒ作戦」発動

八月六日深夜、ドイツ軍西部戦線のすべてを賭けた反撃作戦「リュティヒ作戦」は発動された。かき集められたのは、総統の望んだ八コではなく、四コ機甲師団あまりだけだった。

陸軍の第二機甲師団（ハインリッヒ・フォン・リトヴィッツ将軍）、第一一六機甲師団（ゲルハルト・フォン・シュバーリン将軍）、そして武装親衛隊のSS第一機甲師団LAH（テオドール・ヴィッシュ将軍）、SS第二機甲師団「ダス・ライヒ」（ハインツ・ラマーディング将軍）が攻撃の主力である。これにSS第一七機甲擲弾兵師団「ゲーツ・フォン・ベルリヒンゲン」の一部と、アメリカ軍の突破で大損害をうけていた戦車教導師団の残余もくわわった。

第二、SS第一、SS第二機甲師団が、すでにノルマンディーで苛酷な戦闘に従事し、大損害をこうむっていたのにたいして、第一一六機甲師団は七月末にノルマンディーに到着した期待の新兵力であった。

第一一六機甲師団は、もともとは第一六機甲擲弾兵師団で東部戦線の激戦のあと、一九四四年春、休養と機甲師団への再編成のためフランスへと移動したものであった。第一一六機甲師団は、第一大隊に七九両のパンター戦車、第二大隊に七三両のⅣ号戦車を装備した強力な戦力を有していた。

彼らはほんらい、サン・ロー周辺のアメリカ軍部隊を側面から攻撃するはずであったが、情勢はそれどころではなくなったのだ。

攻撃の総指揮は第四七機甲軍団長のフライヘア・フォン・フンク将軍がとることになった。フンクは暗闇を利用して、いっきょにアブランシュまでの道程の半分を進むつもりだった。

大空を完全に連合軍に支配されたドイツ軍にとって、連合軍に打撃をあたえるには夜襲し

かなかった。作戦秘匿のために、命令は無線を使わず、伝令によって手渡しされた。

四コ機甲師団の戦車は、アブランシュに向かって東西に並行して流れる二つの小川、セ川とセリュヌ川の間にならんだ。これらの小川は、ある程度側面防御の役にたち、安心して進撃ができる。

勢ぞろいしたドイツ軍戦車、といいたいところだが、その戦力は第一一六機甲師団いがいは、各師団とも半分以下の戦力で、総数一八五両、四コ機甲師団の定数にはほど遠いものだった。

ドイツ軍の出撃準備陣地で

ドイツ戦車部隊にとって〝ヤーボ〟は最大の敵となった。イギリス空軍のホーカー・タイフーン戦闘爆撃機は強力な対地兵装をもつ

は、暗闇のなか、エンジン音がひびき、戦車の出動準備が進められた。

「パンツァー、マールシュ！」

八月七日午前二時、戦車部隊の前進が開始された。キャタピラをきしませ、戦車が夜の闇をさいて走りだす。奇襲のために攻撃準備射撃はなかった。

秘匿は完璧だった。アメリカ軍はドイツ軍の攻撃に虚を突かれた。戦車二コ大隊、第三〇四機甲擲弾兵連隊その他からなる右翼集団は順調に前進をつづけ、アメリカ軍の対戦車障害物に突入した。

「榴弾、フォイエル！」

障害物は吹き飛んだ。すぐアメリカ軍前哨陣地にぶつかる。擲弾兵が飛びだし、アメリカ兵に襲いかかる。アメリカ軍戦線は突破された。

ドーヴ付近で地雷原につかまって損害が

出たものの、工兵が地雷を取りのぞいて前進が再開される。メニ・ドーヴが陥ち、メニ・アドレーも陥ちた。この日の目標は六キロ先、そこまで行けばアブランシュまで、もう半分である。

一方、左翼では右翼ほどうまくはいかなかった。なんと、こんな重要なときに、SS第一機甲師団が攻撃開始に遅れたのである。彼らはカーンからの移動中をヤーボに襲われ、さらに途中で道に迷ってしまったのだ。

攻撃が開始されたとき、戦車一コ大隊と機甲擲弾兵一コ大隊、偵察部隊がなんとか間にあったものの、師団の残余の部隊ははるか後方をまだ行軍していた。

それでも、左翼の攻撃はそれなりに進展した。「ダス・ライヒ」はモルタンに襲いかかった。そして、あっけにとられるアメリカ軍部隊を、その進路上から駆逐した。

「進め、進め、全速力だ」

アメリカ第三〇師団の対戦車砲を踏みつぶして、戦車が駆け抜けた。戦車連隊はそのまま町を通り抜け、たちまち西に五キロ先まで到達した。その左翼を機甲偵察大隊が援護する。彼らも前進をつづけて町の四キロ南に達した。

後方では、SS第一七機甲擲弾兵師団の偵察大隊が前面から、ダス・ライヒの機甲擲弾兵が北から町の掃討に取りかかった。アメリカ軍の歩兵と擲弾兵が、血みどろの戦闘を演じる。アメリカ軍の一コ歩兵大隊が、町の東にある三一七高地にたてこもって抵抗をつづける。

モルタンの西でも、アメリカ軍第一二〇歩兵連隊が必死の後衛戦闘を演じていた。彼らは知っていた。時間をかせぐのだ。夜が明けさえすれば、連合軍の飛行機が助けにきてくれる。

ドイツ軍は、朝霧が晴れるころには、モルタン～アブランシュ回廊深く浸透することに成功していた。もう一押し、もう一押しで、パットンの後方連絡線を切断できるのだ。第二機甲師団作戦参謀は師団長のリトヴィッツ将軍にいった。

「閣下、悪天候であれば成功できます」

そう、悲しいことに、ドイツ軍の成功はお天気しだいであった。

運命の女神は、彼らにほほ笑まなかった。午後になると厚くたれこめていた朝霧は晴れ、雲ひとつない晴天となった。

午後〇時一五分、最初のタイフーン戦闘爆撃機がノルマンディーの前進飛行場を飛びたった。彼らの目標は、蝟集《いしゅう》したドイツ軍戦車と各種車両の隊列であった。

「グオーン」

エンジンがうなりをあげ襲いかかる。

「ヤーボ！」

地上のドイツ兵は、空を見上げて恐怖の叫びをあげる。ノルマンディーのドイツ兵のだれもが恐れていた敵が、ついに現われたのだ。空にはドイツ空軍機の機影はまったく見られなかった。連合軍の戦闘爆撃機は、ゆうゆうと空を舞い、逃げまどうウサギを追う鷹のように獲物を狩った。

ロケット弾と機関銃弾が、戦車、トラック、その他、地上で動くありとあらゆるものの上にそそがれた。

地上戦では無敵のドイツ戦車部隊も、空からの攻撃にはお手上げだった。兵士は道路脇の溝に飛びこみ、運転兵は狂ったように車両を走らせて逃げまどった。証言によれば、戦場上空には、いかなるときにも二二機以上の連合軍機が舞っていたという。彼らは午後いっぱい、延々九時間にわたってドイツ軍隊列を攻撃しつづけた。

パイロットたちは、八四両の戦車を撃破し、三五両をおそらく撃破し、二一両に損害をあたえ、その他一一二両の車両に命中弾をあたえたと報告した。おそらくこの数字は過大であったろうが、ドイツ軍が大損害をこうむったのは間違いなかった。

彼らは完全に攻撃の衝力をうしない、アメリカ軍は反撃のために、戦車部隊を呼び集める時間をかせぐことができたのである。ドイツ軍はなおも攻撃をつづけたが、もはや作戦の失敗はあきらかだった。

進撃する六〇〇両の戦車

ドイツ軍が「リュティヒ作戦」を発動し、アメリカ軍に圧力をくわえているいま、イギリス軍が遊んでいるわけにはいかなかった。彼らはアブランシュのアメリカ軍を助けるために、カーン南方への包囲攻撃「トータライズ作戦」を発動したのである。

主力となったのは、先のカーン突破作戦「グッドウッド作戦」で大打撃をうけたイギリス

チャーチル歩兵戦車に火炎放射機を装備してトーチカなどを焼きはらうクロコダイル

第八軍団に代わって、カナダ第二軍団（サイモンズ将軍）であった。

手駒は豊富だった。カナダ第四機甲師団、カナダ第二歩兵師団、カナダ第三歩兵師団、カナダ第二戦車旅団、カナダ第三三戦車旅団、イギリス第五一歩兵師団、そしてポーランド第一機甲師団である。その戦力は戦車六〇〇両、装甲車両一〇〇〇両にのぼった。

もし、いまここを突破されれば、アブランシュに向かったドイツ軍部隊は、後方を断たれて包囲される危険におちいる。だが、これにたいするドイツ軍兵力は貧弱なものだった。薄っぺらな戦線をささえるのは、いくつかの歩兵師団と、「リュティヒ作戦」に引き抜かれたため、戦車部隊で残るのは大打撃をこうむっていたSS第一二機甲師団「ヒトラー・ユーゲント」だけだった。

しかしここに、ドイツ軍の救世主がいた。ティーガーのエース、ミハイル・ビットマンであった。

ビットマンが大隊長をつとめるSS第一〇一重戦車大隊は、SS第一二戦車師団の生き残りとともに、カーンとファレーズの中間地域に配置されていたのだ。

ふたたび彼の奮戦をもってして、戦局を好転させることはできるのだろうか?

八月七日が暮れてから、カナダ軍はカーン周辺に集結して攻撃準備をととのえた。おのおの一コ戦車旅団に支援された二コの歩兵師団は、カーンからファレーズにいたる国道一五八号線を突進する予定となっていた。

彼らは「グッドウッド作戦」のときとは戦術をかえていた。戦車、装甲兵員輸送車に搭載された歩兵、そして自走砲による諸兵科連合部隊による七つのクサビがつくられ、ドイツ軍の戦線に穴をうがつことになった。

「ピカッ、ピカッ」

ドイツ軍戦線は、真昼のように明るくなった。連合軍はサーチライトを照らして戦車部隊の進路を照らした。

「バタバタバタバタ」

「グオーン」

「ゴー、ゴー」

異様な騒音が戦場にひびいた。イギリス軍は、ふたたび「ファニー」な奴らを投入した。そう、地雷を処理するフレイル、障害物を押しのけ、塹壕を(ドイツ兵ごと)埋める装甲ブルドーザー、塹壕にたてこもったドイツ兵を焼き殺す火炎放射戦車クロコダイルである。

もちろん空からの支援も忘れない。午後一一時、一〇〇〇機の連合軍爆撃機が爆撃を開始した。これにも変化がくわえられた。彼らはドイツ軍前線陣地だけをむやみやたらと爆撃するのではなく、後方の予備部隊と増援ルートを狙うことにしたのである。

イギリス軍の攻撃の矢面に立たされたのは、ノルウェーから移送されたばかりの第八九歩兵師団であった。戦車も重対戦車砲も機動予備兵力ももっていない。砲は馬が牽いていた。

彼らに連合軍の攻撃がささえられようか。彼らはのどかなノルウェーとはあまりに違う、ノルマンディーの地獄の業火のなかで、あっという間に壊滅した。戦線には大穴があいた。

ドイツ軍の唯一の予備兵力は、SS第一二機甲師団を中心とした二コ戦闘団しかなかった。しかもこのとき、クラウゼ戦闘団は二〇キロも離れたチュリー・アルクールの敵を攻撃していて、戦機には間にあわなかった。戦場に急行できるのは、彼、ミハイル・ビットマンしかいなかった。

八月八日昼、ビットマンはカーン～ファレーズ街道上のサントーを占拠して、SS第一二機甲師団の側面を防御するとともに、サントーの北の高地を占領するよう命じられた。サントーにはすでに敵の砲火が指向され、戦車がせまっていた。

ビットマンと彼の戦車隊は、サントーめざして前進していった。彼らはカナダ軍第四機甲師団に真正面からぶつかったのである。

ティーガーのまわりの地面が沸きかえる。激しい阻止砲火がティーガー部隊に降りそそがれた。ビットマンは砲撃を避けるために、全速力で突進した。

「徹甲弾、フォイエル！」

一八〇〇メートルから敵戦車に射撃をくわえた。

「命中！」

戦闘は数時間におよび、サントーはドイツ軍が確保した。

とはいえ、やはりここでも一人の戦車兵の活躍など、蟷螂《とうろう》の斧にすぎなかった。

その日午後、ビットマンのティーガーは、今度はサントーの側面防御のため、東のファレーズ～カーン街道上の敵戦車部隊のなかに踊りこんだ。ここでビットマンはゴーメニル村付近で、二〇両のシャーマン戦車と戦闘にはいった。ビットマンはたちまち二両を破壊、一両を行動不能におとしいれた。

しかし、ビットマンは北方の敵にばかり気をとられていて南西のデル・ド・ラクの果樹園に身をひそめた敵に気づいていなかった。

ファイアフライの放った一弾がビットマン車の装甲を貫徹した。弾薬が誘爆し、砲塔が吹き飛んだ。生存者はいなかった。ビットマンの遺体はすぐそばの道路上に仮埋葬されていたが、一九八三年に発見され、現在はラ・カンプのドイツ軍戦没者墓地に埋葬された（なお、ビットマンの最期には他の説もある）。

地獄図絵のファレーズ

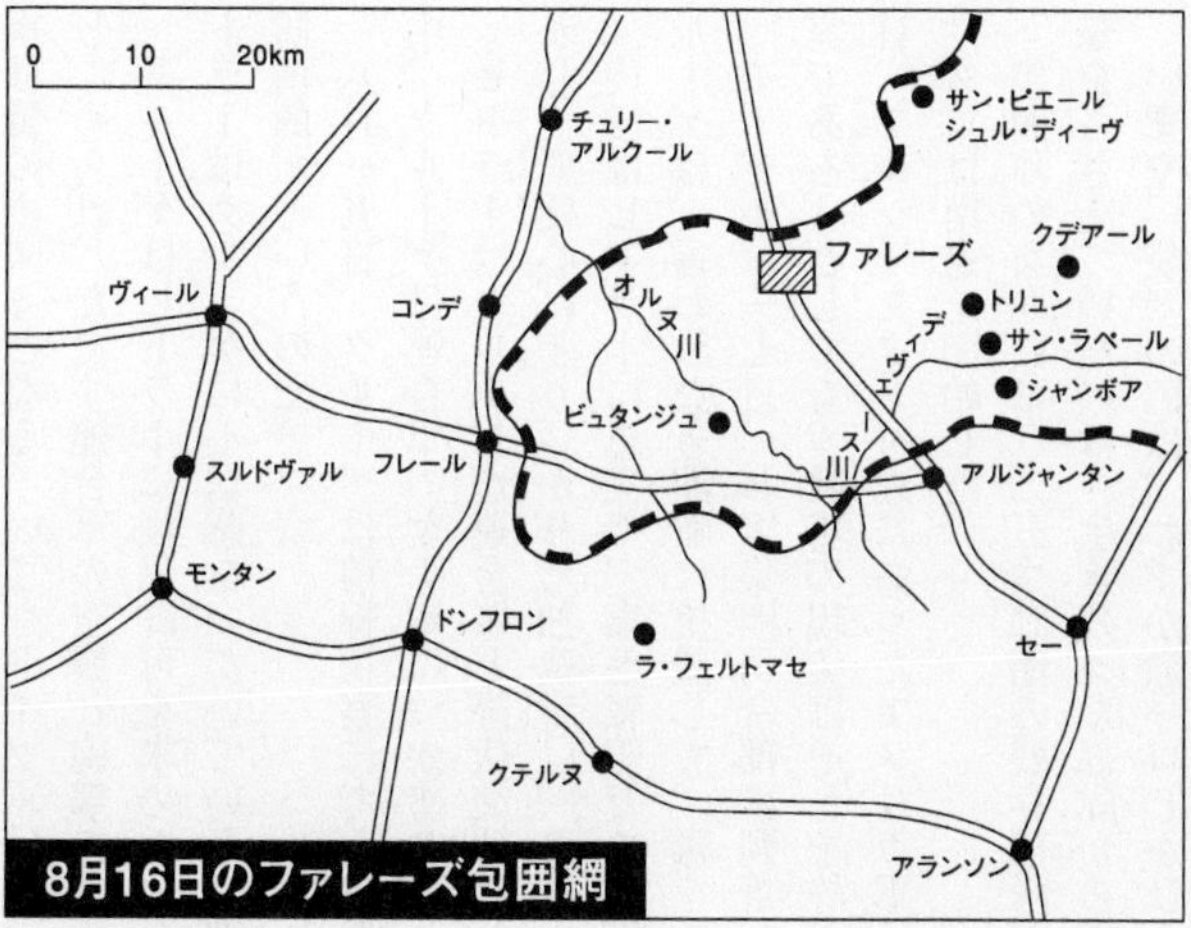

8月16日のファレーズ包囲網

カーン南方でSS第一二機甲師団が、イギリス軍の攻撃を必死でささえていたころ、西方ではたえ間ない空襲にさらされつつ、ドイツ軍はなおも攻撃をつづけていた。とうに戦機はうしなわれたが、総統司令部の命令にしたがわないわけにはいかなかった。

九日、一〇日、増えつづけるアメリカ軍戦車は、しだいにドイツ軍を圧迫していった。パンター戦車は多数のシャーマン戦車を屠ったが、戦勢を挽回することなどかなうはずもなかった。

しかもアメリカ第一五軍は、一〇日にはアランソンを越えて、攻撃するドイツ軍の左翼深くアルジャンタンへとせまっていた。一方、イギリス軍は一歩一歩前進をつづけ、レゾン川まで進出ていた。

その距離はわずか三二キロ。アメリカ軍とイギリス軍が握手をすれば、攻撃するドイツ軍は袋のネズミとなる。いまやドイツ軍は、ファレーズとアルジャンタンのせまい地域に押しこめられ、たえず連合軍の空襲と砲撃にさらされていた。

クルーゲはヒトラーに後退許可を求めた。しかし、総統はとどまって戦うよう命じた。ヒトラーはクルーゲに不信感をいだいていた。彼は七月二〇日のヒトラー暗殺事件の首謀者に同情的だというのだ。

八月一五日、クルーゲは前線視察にでかけたが、これはクルーゲの運命を暗転させた。途中、クルーゲは連合軍のヤーボにつかまり、しばらく行方不明となったのだ。

ヒトラーはクルーゲが連合軍と降伏交渉をしていると疑った。根も葉もない話である。しかし、猜疑心《さいぎしん》にとりつかれた独裁者は、クルーゲを解任した。

後任はヒトラーに忠実で、東部戦線での仮借ない指導で有名なモーデル元帥であった。クルーゲは、言われなき非難に抗議して、毒をあおいで自殺した。

モーデルは一七日、B軍集団司令部に到着した。モーデルがどんなにヒトラーの命令に忠実であろうとしても、戦場の現実はそれを許さなかった。モーデルが指揮をうけ継いだその日、アルジャンタン付近にあったアメリカ軍は北進を開始し、ファレーズ付近にあったイギリス軍は南進を開始した。

包囲陣のなかには、二三コ師団の残存部隊があった。袋の先を閉めようとする連合軍の攻撃をささえていたのは、生き残った部隊から寄せ集められた戦闘団だけだった。

いまや「袋」の口は、わずか数キロしかひらかれていなかった。一九日午後、第七軍司令官ハウサー大将は、戦闘力を残すすべての部隊に包囲陣からの脱出を命令した。

八月二〇日早朝、ヴィッシュ将軍は二〇両の戦車をもって脱出行を開始した。最後に残された戦車が、脱出する隊列の先頭にたった。彼らにできることは、後続する味方のために、一秒でも長く袋の口をひらいておくことだけだった。

多くの脱出行を、将軍みずからが率いた。第三五三歩兵師団のマールマン将軍、第二降下猟兵軍団長マインドル将軍、第八四軍団司令官エルフェルト将軍、そして第七軍司令官のハウサー。ハウサーは短機関銃をもって戦い、砲弾片で負傷することになる。

最初、脱出行はうまくいった。しかし、連合軍の圧力の高まるなか、しだいに部隊はバラバラになり、逃げまどう烏合の衆と化した。

包囲陣を掃討する連合軍との戦闘は、二日間におよんだ。包囲陣内では一万名が戦死し、四万名が捕虜となった。あとには三〇〇〇両をこえる車両が遺棄され、そのなかには一八七両の戦車、一五七両の装甲車、一七七八両のトラック、六六九両の乗用車がふくまれていた。

ノルマンディーのドイツ軍部隊は、ファレーズの地獄で全戦力をうしなった。フランス本土奥深く驀進する連合軍を押しとどめる者は、もうどこにもいなかった……。

第18章　モンテ・カッシノの戦い序章

一九四三年九月、連合軍は南イタリアに上陸を敢行し、ローマめざして北上するが、ドイツ軍の鉄壁の守りにはばまれていた。この状況を打破するため要塞線のグスタフ・ラインを攻撃した！

一九四三年末〜一九四四年初旬　膠着するイタリア戦線

グスタフ線への攻撃開始

一九四三年九月、連合軍はイタリア本土に上陸した。イタリアはすぐ降伏したものの、ドイツ軍はすぐにイタリア全土を掌握した。

連合軍は北へと進撃を開始したものの、ドイツ軍の抵抗は激しく、連合軍の前進は遅々たるものであった。

西側をいくアメリカ軍は、一〇月一日にはナポリを落としたものの、峻険な地形とヴォルツルノ線、バルバラ線、ラインハルト線と後退しつつ抵抗をつづけるドイツ軍にはばまれて、その後の進撃ははかばかしいものではなかった。一方、東側をいくイギリス軍も似たようなものであった。

ドイツ軍のケッセルリンク元帥は、西はティレニア海のガリグリアノ川河口から、東はサングロ川の北をアドリア海に延びるグスタフ線とよばれる要塞線を築き、頑として連合軍の進撃をこばんだ。

連合軍は一一月二〇日、グスタフ線への攻撃を開始したものの、西側のアメリカ軍は甚大な被害を受けて、攻撃はほとんど進捗しなかった。東側のイギリス軍は一二月二七日になって、ようやくオルトナを占領したものの、ドイツ軍の戦線を後方に押しこんだだけでしかなかった。

結局、連合軍は一九四三年のうちには、ローマにたどり着くことすらできなかった。もっとも、この不首尾には別の理由もあった。そもそも連合軍にとって、イタリアは副次的な戦線でしかなく、その目的は、できるだけ多くのドイツ軍を引きつけておくことでしかなかった。

とはいえ、あまりにもたついた進撃ぶりは、連合軍の面目にかかわるものであった。一一月のテヘラン会談では、ローマ占領とその後のピサ〜リミニの線までの進撃が求められていたのである。このため、グスタフ線への新たなる総攻撃と、グスタフ線後方にあるアンツィオへの上陸作戦が策定されることになった。

これにより、ドイツ軍を前後から挟み撃ちにして包囲殲滅するとともに、ローマへの道を

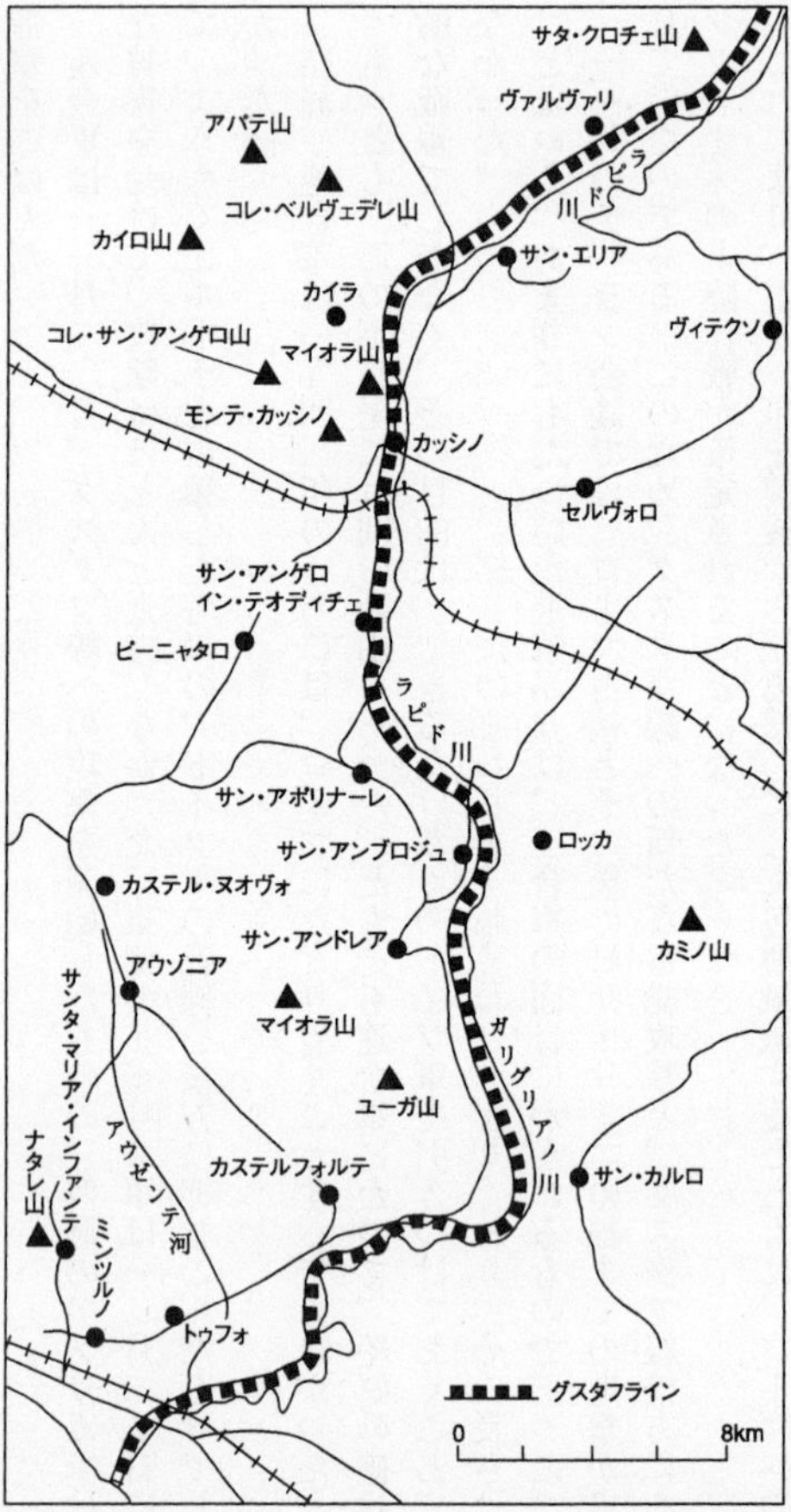

開くのである。

グスタフ線攻撃の主力となったのは、当然、アメリカ第五軍（クラーク）が担当する左翼である。西はティレニア海のガリグリアノ川河口からはじまる戦線は、ガリグリアノ川そしてラピド川に沿って東に延び、さらにアペニン山中に延びていた。

この戦線に沿って、西から東にイギリス第一〇軍団（マグレリィ）隷下部隊のイギリス第五、第五六、第四六師団がならび、アメリカ第二軍団（ケイス）隷下部隊のアメリカ第三六、第三四師団、そして後方に第一機甲師団が配置された。さらにフランス遠征軍団（ジュアン）隷下部隊の第三アルジェリア師団、第二モロッコ師団がならんでいた。

守る方のドイツ軍は、第一〇軍（ファーティングホフ）がしっかりと陣地をかためていた。西部にあった第一四機甲軍団（エッテルリン）隷下部隊の第九四歩兵師団、第九〇機甲擲弾兵師団に後詰めとして、第二九機甲擲弾兵師団、そして第一五機甲擲弾兵師団、第四四歩兵師団、第七一歩兵師団（一部）、第五山岳師団（一部）がならんだ。

防衛線の中心であったのは、モンテ・カッシノ（カッシノ山）であった。モンテ・カッシノは、高さ五二〇メートルの岩山である。山頂からはリーリ渓谷、並行してローマへとつづく鉄道線や国道六号線といった周囲を、一望のもとに見下ろすことができ、絶好の砲兵観測所となっていた。

そして、山頂に向かう道は、細く山のまわりをくねくねと曲がりくねり、その長さは八キロもあった。守備側は、山の起伏と道路のうねりを利用して、容易に守ることができた。

そしてもうひとつ、この山の上には聖ベネディクト派の修道院が建っていた。紀元五二九年に聖ベネディクトによって建てられたもので、西ヨーロッパで最初の修道院であった。長さ二〇〇メートルにもなる四階建ての巨大な茶色い石作りの建物で、中では数百人の修道僧が、きびしい戒律を守って質素な生活を送っていた。

カッシノ山の山頂に建てられた修道院は戦いの中で跡かたもなく破壊された

モンテ・カッシノの正面

グスタフ線への総攻撃は、一九四四年一月一七日に開始された。連合軍は数をたよりに、ドイツ軍陣地に正面からぶちあたった。

おりからの大雨で道は泥沼と化し、ガリグリアノ川は濁流となって流れていた。しかし、アンツィオ上陸作戦に呼応するために、スケジュールを遅らせるわけにはいかなかった。最初に動き出したのは、西端のイギリス第一〇軍団であった。

最左翼のイギリス第五師団は、一部は海岸線を迂回し、主力は鉄道線ふきんから真っすぐ前進を開始した。彼らはガリグリアノ川を越えて、橋頭堡を確保することに成功し、翌日には早くもミンツルノとトゥフォに到達した。さらに前進をつづけ、ナタレ山の麓のサンタ・マリア・インファンテへ向かった。

中央のイギリス第五六師団もガリグリアノ川を渡ると、

1944年5月末、イタリアのアンツィオにおける米軍のM4シャーマン戦車。手前は木製のフレームにキャンバスをまいたダミー戦車

カステルフォルテから真っすぐアウゾニアへと前進した。しかし、ドイツ第二九機甲擲弾兵師団の反撃で撃退されてしまった。これにたいして、右翼のイギリス第四六師団の攻撃は、それほどうまくはいかなかった。

彼らは、サン・アンドレアからサン・アンブロジョ周辺でガリグリアノ川を渡ろうとしたが、激しいドイツ軍の抵抗で撃退されてしまったのである。やむなく師団は南にくだり、第五六師団の突破した橋頭堡から前進を再開した。そこからかれらは、ドイツ第九〇機甲擲弾兵師団のがんばるユーガ山へと攻撃をしかけた。こうしてイギリス軍は、ガリグリアノ川を越えて前線を北へ押しあげることに成功した。

一月二〇日、つづいて戦線中央、モン

テ・カッシノの正面のアメリカ軍の攻撃が開始された。

左翼の第三六師団は、気の荒いテキサス人からなる精鋭師団だった。彼らは左に第一四三連隊、右に第一四一連隊をならべて、この日の夜、サン・アンゲロ・イン・テオディチェ周辺でラピド川を渡ろうとした。

しかし、前面のドイツ軍は強力だった。

「ボーーーー、ボーーーーー」

MG42が金切り声をあげ、アメリカ兵が一人また一人と濁流に飲まれて消えた。彼らはなんと一六八一名もの戦死者を出して、翌二一日の午後には、もと来た道をほうほうのていで退却してきたのである。川のほとりは、アメリカ兵の死体であふれかえった。

二日後、右翼の第三四師団も戦線に投入された。彼らは左に第一三三連隊、第一三五連隊がならび、カッシノの町とマイオラ山へ襲いかかり、さらに右の第一六八連隊はカイラへと進撃した。

彼らの攻撃は第三六師団よりは進捗し、第一三三、第一三五連隊は、モンテ・カッシノの山麓にとりつき、一方、第一六八連隊はカイラからモンテ・カッシノの北東のコレ・サン・アンゲロ山へと進んだ。

一月二四日、最後に戦線の右翼となるサン・エリアからヴァルヴァリ周辺で、フランス軍の攻撃が開始された。左の第三アルジェリア師団は、サン・エリアからラピド川を越え、真っすぐコレ・ベルヴェデレ山へと突進した。

彼らは、さらにその先のアパテ山にとりついたが、両翼からドイツ軍の反撃を受けて、後退せざるをえなかった。右の第二モロッコ師団は、サタ・クロチェ山へと進んだ。しかし、連合軍の攻撃もここまでだった。ドイツ軍のグスタフ線は健在であり、連合軍はほんのわずかそれを押しまげただけだった。それにたいして彼らは、獲得された地歩には見合わない、大損害をこうむったのである。

とくにアメリカ第二軍団の各師団は、二月一五日の第二次攻撃がはじまるまでに二〇〇〇名の戦死者を出し、しばし補充と再編成にあたらねばならないほどであった。

彼らの抜けたあとはニュージーランド軍団が埋め、隷下部隊のアメリカ第三六師団は第二ニュージーランド師団と、第三四師団は第四インド師団と交替して、前線を後にしたのである。

静かなるアンツィオ上陸

一九四四年一月二一日午後、三万六〇〇〇名の兵員と戦車、火砲を満載した合計二五三隻にのぼる船団が、グスタフ線後方一〇〇キロのナポリを出港した。

船団はドイツ軍の目をくらますため、いったん南下してカプリ島ふきんで転進し、北へ、ローマからわずか六四キロのアンツィオへと進路をとった。

上陸作戦にあたるのは、ジョン・ルーカス将軍の指揮するアメリカ第六軍団であった。その指揮下にあったのは、アメリカ軍とイギリス軍の混成部隊で、アメリカ軍は第三師団（トラスコット）、イギリス軍は第一師団（ペニイ）であった。

さらに、アメリカ軍の第二空挺大隊、レンジャー部隊、イギリス軍第二特殊任務部隊の二個コマンドウ部隊が上陸支援にあたった。さらに、アメリカ第一機甲師団と第四五師団がナポリに待機して、上陸作戦成功のあかつきには、増援として送りこまれることになっていた。

一月二二日早朝、上陸部隊はまだ明けやらぬアンツィオの海岸に殺到した。上陸用舟艇第一波が海岸に接岸したのは、午前二時であった。

アメリカ第三師団はアンツィオの南の海岸、アメリカ空挺大隊はその側面を援護するようにアンツィオのすぐ南、イギリス第一師団（一部は予備として海上にとどまる）はアンツィオの北、そしてコマンド部隊はその側面を援護するようにアンツィオのすぐ北に上陸した。

彼らを迎えたのは、ドイツ軍の砲火でも機関銃火でもなく、のどかで平和な銀色の海岸であった。完全なる奇襲に成功したのである。唯一、アンツィオを守備していたドイツ軍工兵部隊は、パジャマ姿で寝ぼけまなこのまま、無抵抗でイギリス軍部隊に捕まった。

この日のドイツ軍の反撃は、わずか二回ほどの空襲だけで、それも沖合に遊弋していた艦艇の対空砲火によって撃退されて、上陸部隊にはなんの損害もおよぼさなかった。

上陸した連合軍部隊は、すぐに海岸堡の確保につとめた。その結果、その日の深夜までに、アンツィオを中心に南北一三キロにわたる海岸堡が構築され、三万六〇〇〇名の兵員と三〇〇〇両の車両が揚陸された。

ルーカス将軍は、海岸堡の確保と拡大にやっきであった。彼は恐れていた。サレルノの上陸作戦では、アメリカ軍はドイツ軍の反撃でひどい目にあった。上陸部隊の安全のために、早く海岸堡を強化し、防御をかためなければいけない。

1944年1月22日早朝、のどかなアンツィオに上陸した連合軍

ルーカス将軍はすみやかに地歩を内陸に拡大しようとはせず、重砲と戦車の揚陸を待とうとした。彼は用心深いだけではなく、この作戦の成功そのものに悲観的だったのである。

ドイツ軍の反撃がないのは幸いである。彼の脳裏には、攻撃に出ようなどという考えは、みじんもなかった。攻撃を開始するのは、あくまでもグスタフ線の突破がなってからのことである。彼はなんと、威力偵察さえしようとしなかった。

アンツィオからは、北のアルバノに向かって街道が走り、そこから国道七号線がローマへと通じている。もしルーカス将軍が、威力偵察だけでも実施していれば、そこにはまったくドイツ軍はいなかったことを知ったであろう。せめて彼は、街道を扼する要衝であるアルバノ高地を確保すべきであった。

ルーカス将軍の消極的な行動は、上陸作戦の成果を台なしにし、連合軍に大災厄をもたらすことになるのである。

ドイツ軍の反撃はじまる

連合軍のアンツィオ上陸の報は、ケッセルリンクを驚かせた。しかし、ケッセルリンクがもっと驚いたのは、連合軍がぐずぐずと海岸堡にとどまって、いつまでたっても攻撃に移ろうとはしないことだった。

ドイツ流の電撃戦では考えられない戦いぶりである。彼にとって、これは不思議でしかたがなかった。奇襲上陸に成功し、ローマまではほとんど一本道で進撃できるというのに、彼らはそうしようとしなかったのだから……。

ケッセルリンクは連合軍の失策を活用した。彼は北イタリアの第一四軍（マッケンゼン）に出動を命令した。マッケンゼンの部隊は夜間行軍をつづけ、アンツィオへと急行した。なによりも重要なのは、アルバノ高地であった。ドイツ軍はいそいで高地をおさえると、強力な陣地を構築した。海岸堡から高地に通じる主要道路には対戦車砲が配置された。ケッセルリンクは、防御をかためるだけでなく、大部隊をアンツィオに送りこみ、上陸した連合軍を海に追いおとすことをも企図した。

二三日、第一四軍司令官マッケンゼン将軍が到着すると、ケッセルリンクはすぐにアンツィオを奪回し、連合軍海岸堡を撃滅することを命じた。

ドイツ軍は五個師団をアンツィオに集結させ、三方から海岸堡へ圧力をかける態勢をとった。

左翼のイギリス軍の正面には第三機甲擲弾兵師団、その隣には第六五歩兵師団が陣地を構築していた。そして、右翼のアメリカ軍の正面にはヘルマン・ゲーリング機甲擲弾兵師団が展開し、ネッツノからシステルナにつづく道を押さえていた。さらに、グスタフ線から引き抜かれた第二六機甲師団が、アンツィオに急行中であった。

ドイツ空軍も、海岸堡と連合軍船団に激しい攻撃を浴びせはじめた。ドイツ、フランス、ギリシャ各地から爆撃機がかき集められた。

この日、滑空爆弾フリッツXや雷撃で、イギリス海軍の駆逐艦一隻と病院船一隻が沈没し、他の病院船一隻が撃破され、輸送船一隻が海岸に擱座した。しかし、ドイツ空軍の損害も大きく、連合軍にたいする攻撃は、しだいに下火にならざるを得なかった。

二五日、連合軍はやっと海岸堡から出撃した。イギリス軍はアルバノにつづく街道に沿って前進を開始した。彼らは大損害を出しながら、一軒一軒を白兵戦で奪いとり、やっとのことでアプリリア（工場がおおいことから〝ファクトリー〟と呼ばれた）やカーロチェート駅を占領した。

この血みどろの戦いは、この町を血のオマハや、モンテ・カッシノ等とならぶ西部戦線有数の激戦地のひとつとした。

一方、アメリカ軍はレンジャー部隊を出撃させ、夜陰に乗じてドイツ軍戦線に侵入し、システルナへ進出させようとした。

レンジャー隊員は灌漑用水路などを使用して、ドイツ軍の足元をかすめるようにして、システルナにあと六〇〇メートルに迫った。しかし、ドイツ軍は彼らが平地に出たところを、四方から狙い撃ちした。

なんと出動した七六七名のうち、自軍の前線に帰り着いたのはたった六名だけで、残りはすべて戦死するか、負傷または捕虜となる惨憺たる結果となった。

二八日、ルーカス将軍が待ちかねていた上陸第二陣がナポリから到着した。第一機甲師団のM４シャーマン戦車二五〇両、そして第四五師団が海岸堡にはいったのだ。イギリスのチャーチル首相から、総司令官アレクサンダー将軍、そしてアメリカ第五軍のクラーク将軍を通じての矢の催促で、ルーカス将軍はようやく重い腰をあげた。

「戦車、前進！」

ルーカス将軍はたかをくっていた。ドイツ軍が海岸堡左右のカンポレオーネとシステルナに強力に布陣していることはあるまい。せいぜい彼らはアルバノ高地に陣をかまえているだけだろう。

しかし、ドイツ軍は彼らの進撃路に、対戦車砲をすえて連合軍を待ちかまえていた。

「警報！　敵襲！」

シャーマンだ。すぐ命令が飛ぶ。対戦車砲対戦車の決闘となる。先手さえとれれば対戦車砲が有利。戦車は目前にせまった危機に気づかず、ゆうゆうと進んでくる。

「徹甲弾、フォイエル！」

Ｐak40の強力な七・五センチ砲弾が宙をつらぬく。

「ガーン！」

命中弾を受けたシャーマンが擱座し、すぐに煙りを吹きあげた。さらにもう一発。シャーマ

敵戦車に命中弾をあたえて撃破し大喜びするドイツ対戦車砲の隊員

ンはつぎつぎと燃え上がった。

戦車にとって不利だったのは、この地方にはりめぐらされた農業用水路網であった。これは干拓の目的から、ムッソリーニが戦前からはじめた大計画の産物であった。

さらに、この地方には多数の湿地と沼が点在し、雨のおおい気候により地面は常にぬかるんでいた。そのうえ、ドイツ軍はあらかじめ堤防を切っており、周囲は水浸しとなっていた。

このため、戦車でさえ道路以外の移動は困難だった。戦車は細い土手上の道を、一本の棒となって進むしかなく、対戦車砲の絶好の的でしかなかった。

ようやく開始されたルーカス将軍の攻勢は、左翼ではカンポレオーネ駅近くに進み、右翼ではシステルナの近くまで戦線を押しだすことができた。しかし、ドイツ軍の堅い守りにさえぎられて突破はならず、とても犠牲に見合うものとはいえなかった。

二月三日、こんどはドイツ軍の反撃が開始された。連合軍の海岸堡は、ときならぬ激しい砲撃につつまれた。ドイツ軍がなけなしの砲兵を、投入したのだ。

とくにアンツィオには、二両の二八センチ列車砲があり、その活躍が有名である。

この砲は神出鬼没で連合軍を悩まし、アンツィオ・アニーというニックネームがあたえられた。

強力な砲兵支援のもと、三日深夜、ドイツ軍の二個戦闘団はイギリス第一師団に襲いかかった。彼らはイギリス軍の激しい砲撃をかいくぐり、小峡谷の隙間を利用して浸透戦術を活用し、イギリス軍海岸堡の突出部を締めあげていった。

だが、本当の決戦はまだ先の話であった。

ドイツ軍はアンツィオの連合軍をたたきつぶすため、ドイツ本国からティーガーを装備した第五〇八重戦車大隊、エレファントを装備した第六五三重戦車駆逐大隊を呼びよせようとしていた。

第19章　うめき声をあげる独の巨獣たち

アンツィオに海岸堡をきずいた連合軍を海に追いおとすための作戦が発起され、ドイツ軍はかき集められる全兵力を投入したが、その中には巨大なエレファント重突撃砲の姿もあった！

一九四四年二月一六日〜二八日　アンツィオ近郊の戦い

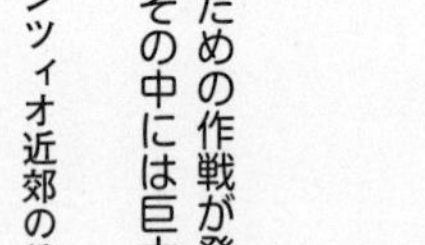

第五〇八重戦車大隊出動

連合軍のアンツィオ上陸にたいして、ドイツ軍は不意を衝かれたものの、連合軍の不活発な行動のおかげで、上陸部隊を海岸堡にとじこめることに成功した。

ドイツ軍は、これを殲滅して海に追いおとすべく、なけなしの戦力をかき集めて反撃にとりかかった。

二月三日の最初の反撃は失敗したものの、大いそぎで戦力の蓄積が進められた。そのひとつ目が、ドイツ軍の守り神であり、連合軍の疫病神でもあるティーガー重戦車を装備した第五〇八重戦車大隊であった。

第五〇八重戦車大隊は、いならぶティーガー大隊の中でも、その出生と活躍があまり知ら

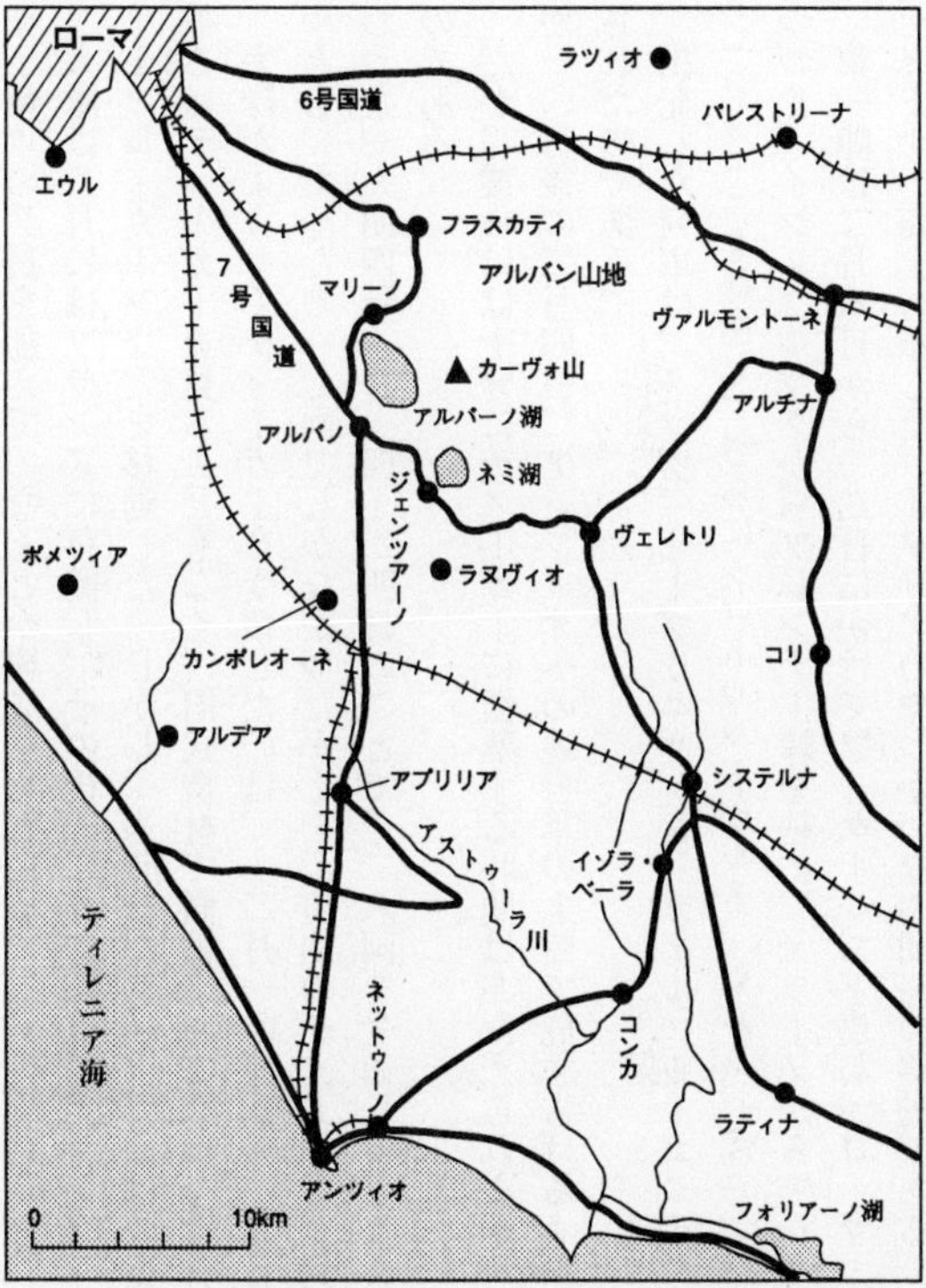

れていない部隊である。どうもそれは、編成のそのときからのようだ。

第五〇八重戦車大隊は一九四三年五月一一日、フランスで第二九戦車連隊第一大隊を基幹に編成された。しかし、その後、同大隊はもとの部隊に戻されてしまい、いったん白紙に戻った。

再度編成が開始されたのは八月二五日で、ハイルブロンにおいてであった。そのとき基幹となったのは第八戦車連隊であったが、兵員集めには苦労し、その他、第一九〇戦車大隊や予備軍の兵員を加えて、なんとか編成したという。

大隊は八月にはフランスに移動し、その後一二月にかけてアランソン、ファレーズ、メイイー・ル・カーンなどを移動した。しかし、当時まだティーガーは装備されていなかった。彼らはティーガーを見ることもなく、旧式機材で訓練をおこなわなければならなかった。

大隊がようやくティーガーを受領したのは、一二月一〇日から一九日のことであった。もっとも、たったの一七両でしかなかったが……。追加のティーガーが到着したのは、年が変わった一九四四年一月一四〜二四日のことで、二八両を受領して、これで四五両がそろったのである。

だが、彼らには十分にティーガーに慣熟する時間はあたえられなかった。そう、そのわずか一〇日後の二月四日、アンツィオへの連合軍の上陸で危急告げるイタリアへの移動が開始されたのである。

出発した列車は、メッツ、ザーブリュッケン、カールスルーエ（またはストラスブール、ラシュタット）を経由し、さらにシュトゥットガルト、ウルム、ミュンヘンと長い長い移動がつづく。インスブルックからブレンナー峠を越え、メラーノからアレッツォへ至る。

第一陣は二月八日から一二日にかけてフィクーレで下車し、ローマ・フォルテ・ティブルティーナへ路上行軍した。イタリアのやっかいな山間路の移動である。

ただでさえティーガーの走行装置には大きな負担がかかるのに、山を縫う道は蛇行し、ティーガーの巨体をあやつる操縦手には気が休まる暇もない。きつい上り坂でティーガーのエ

重装甲のソ連戦車駆逐のためにポルシェティーガーの車体から造られたエレファント重突撃砲。その巨体ゆえに運動性能が悪かった

ンジンは雄叫びをあげ、操向機構は悲鳴をあげた。

第三中隊のナーゲル曹長は気がついた。「ぶす、ぶす、ぶす」となにやら焦げくさい。やがて、エンジン室から煙が立ちのぼる。

「ハールト！」

戦車を停止させる。戦車は火災を起こし、派手に燃えあがった。もう手のつけようがない。

「アウフボーデン！」

ナーゲルは叫んだ。乗員は、めいめいハッチを開いて外に飛びだす。つぎの瞬間、弾薬に火がまわり、戦車は大爆発を起こした。大隊最初の損失であった。

二月一四日、第二中隊がローマに到着した。第五〇八重戦車大隊は、編成中にティーガーに慣熟できなかっただけでなく、ここでも重戦車大隊には運がないようであった。

彼らには現地の事情を把握し、それに慣れる時間はなかった。ティーガーの行動のためには、慎重なうえにも慎重な準備が必要なことは、これまで幾多の戦いで証明されてきたことであるのだが……。

この日、ほとんど到着したばかりで、右も左もわからないまま第一中隊は、アプリリア付近に進出して最初の任務につかなければならなかったのである。

さらに翌一五日、大隊は第二六機甲師団に配属され、第九機甲擲弾兵連隊とともに、本隊とは別個の戦闘団を形成することになった。攻撃のときは迫っていた。

ドイツ軍の攻撃開始さる

「シュシュ、シュシュ、ドワーン、ドワーン」

午前六時、ドイツ軍のあらゆる火砲が火蓋をきった。猛烈な砲撃で、連合軍海岸堡は掘りかえされた。一方、巨大な列車砲「アンツィオ・アニー」は、海岸堡越しに連合軍艦艇を狙い撃ちする。

「ジュワ、ジュワ、ドシャーン」

そこここに水柱があがる。ドイツ空軍も力をふりしぼって、艦艇の攻撃に加わった。

「パンツァー、フォー!」

アンツィオ戦線の狭い道路を踏みはずして行動不能となったティーガー

砲撃が終わると、ドイツ軍は戦車を先頭に立てて、連合軍の陣地へと押しよせた。連合軍兵士は、くずれた農家やタコツボから反撃するが、しだいに圧倒されていった。ドイツ軍の圧力はものすごく、このまま海に到達しそうな勢いであった。

第五〇八重戦車大隊のティーガー四両も、この攻撃に加わった。しかし、地盤が泥濘《ぬかる》んでいたため、戦車はやむなく狭い道路上に残留せざるを得なかった。

連合軍の攻撃時に明らかになったように、この地域は戦車の行動には向いていなかった。各所にはりめぐらされた農業用水路網、点在する多数の湿地と沼、そしてつねに泥濘んだ地面。ふつうの戦車でさえ、道路以外の移動は困難だった。ましてや五〇トンの巨体である。

連合軍はドイツ軍を阻止するために、その最大の利点、圧倒的な砲兵火力を活用した。ドイツ兵の頭上に鉄の暴風が襲いかかった。

損害をものともせずに、ドイツ軍は攻撃をつづけた。激しい攻撃は夜になってもつづけられ、アルバノ~アンツィオ街道に沿ってアメリカ軍陣地を突破し、防衛線に三・二キロもの大穴をあけた。

連合軍はなんとしてもドイツ軍を阻止するため、ドイツ本土の爆撃に割りあてられていた爆撃機までもを投入して、アンツィオ前面のドイツ軍を叩いた。これまでの不首尾の責任をとらされて第六軍団司令官ルーカス将軍は解任され、トラスコット将軍が司令官代理の職についた。

一七日夜、アメリカ軍は反撃を開始した。しかし彼らは、ドイツ軍を九〇〇メートルばかり押し返すことができただけだった。

明けて一八日の朝、ふたたびドイツ軍の攻撃が開始された。先頭に立つのは三コの歩兵連隊で、その後に二コの機甲擲弾兵、そして二コ機甲師団の戦車がつづく。

キャタピラの音をきしませて戦車が前進する。第四戦車連隊第一大隊のパンター戦車が、連合軍戦線に襲いかかる。連合軍はアプリリアの北に、鉄道線路の土手を遮蔽物にしてシャーマン戦車をダッグインさせ、ドイツ軍に対抗した。

拠点はたくみに側面援護の役割をはたし、容易に突破できなかった。そして、アプリリアより南の地形は、戦車の行動に適していなかった。このため、ドイツ軍は戦車の威力を十分に活用することができなかった。

連合軍兵士はつぎつぎに拠点を踏みつぶされたが、最後まで踏みとどまって必死に戦いつづけた。

ドイツ軍は文字どおりつかみ合いの白兵戦で、連合軍の防衛線に食いついていったが、最初の攻撃目標の八二号線には到達できなかった。一九日の夜明けには、ドイツ軍は戦力を使いはたし、攻撃は中止された。

二〇日、第五〇八重戦車大隊のティーガーは、アプリリア付近で警備任務についた。今度は彼らの遠戦火力が生かされる番であった。

二一日には、突破したシャーマン戦車三両撃破、二四日には一七両撃破。しかし、彼らの奮戦もむなしく、連合軍の海岸堡は生き残り、戦力を増強しつづけていた。

第六五三重戦車駆逐大隊

ドイツ軍はもうひとつ、強力な秘密兵器を用意した。それは、これまで連合軍が出会ったことのない、凶悪な怪物であった。

それこそが、当時、世界最強の突破兵器、戦車キラーのエレファント（当初はフェルディナンド）重突撃砲と、それを装備した第六五三重戦車駆逐大隊であった。

エレファント重突撃砲は、かつてティーガー重戦車の競作に敗れたポルシェ製のティーガー（ティーガー（P））をベースに開発された重突撃砲である。この車体はそもそも、ソ連戦車群の撃破と重防御火点の突破が任務とされており、これまでの戦車とはくらべものにならない、強力な攻撃力と強靭な防御力をそなえていた。

その主砲には、当時、世界最強の性能をほこる七一口径八・八センチ砲を装備していた。同砲は通常の徹甲弾をもちいて、初速一〇〇〇メートル／秒、射距離五〇〇メートルで一八五ミリ（三〇度傾斜）、一〇〇〇メートルで一六五ミリ、二〇〇〇メートルで一三二ミリの装甲板を貫徹可能であった。

この値は、タングステン弾芯の高速徹甲弾を使用すれば、射距離五〇〇メートルで二一七ミリ、一〇〇〇メートルで一九三ミリ、二〇〇〇メートルで一五三ミリにまで跳ねあがる。

一方、その防御力は戦闘室前面二〇〇ミリ、側後面八〇ミリ、車体も同じく前面二〇〇ミリ、側後面八〇ミリという驚異的なものであった。戦闘室、車体ともに、箱型でほとんど避弾経始が考慮されてはいなかったものの、この厚さはそれだけで十分であった。

攻撃力、防御力ともに強力なソ連戦車との対決を想定していただけに、米英の戦車などはまったく歯牙にもかける必要のない、まさに鎧袖一触であった。

ただし、唯一の弱点となったのは、機動力であった。その巨体、大重量ゆえの接地圧と、エンジンで発電機をまわして電動モーターで推進する複雑な駆動システムに問題があった。ただ、就役いらい一年半が経過し、戦車兵、整備兵たちはすでに取り扱いに十分に習熟してはいた。

また、エレファントは一九四三年一二月にオーバーホールのため東部戦線からひきあげられたが、そのおりに各種の改修がほどこされて、このときまでに戦線投入で明らかになった各種の問題点は、それなりの改善がおこなわれていた。

主な改修点は、つぎのようなものである。肉薄する敵兵士を排除するための無線手用前方機関銃の装備、視察能力向上のための車長用キューポラ・視察装置の追加、機動力の改善のためキャタピラを新型にし、火炎瓶対策のため戦闘室前面に雨樋を追加、ラジエーター上面の装甲グリルの新型化、その他装備品の配置を変更するなどである。あわせて、ドイツ軍の戦車で特徴的なツィンメリット・コーティングもほどこされていた。

エレファントはクルスク攻勢当時、第六五三と第六五四のふたつの重戦車駆逐大隊に配備されていた。しかし、損害は累積し、エレファントの装備数は減っていった。

エレファントは最初に改造された分だけで、もはや製造されてはいない。回収された車体が修理されて復帰することはあるが、新造による補充はなかった。

このため一九四三年八月に、第六五四重戦車駆逐大隊は残存するエレファントを、すべて第六五三重戦車駆逐大隊にひき渡して本国にひきあげていた。そのため、それ以後エレファントを装備していたのは、第六五三重戦車駆逐大隊ただひとつとなっていた。

大隊は一九四三年一二月にザンクト・ペルテンに移動し、エレファントのオーバーホールと改修を待った。

連合軍のアンツィオ上陸の知らせをうけて、第六五三重戦車駆逐大隊には、エレファント一コ中隊をただちに移動させるよう命じられた。二月一五日、ヘルムート・ウルブリヒト中尉がひきいる第一中隊は、ようやく完全にオーバーホールされ、改修、組み立て直されたエレファント一両を受領した。

本当の定数は一四両だったが、間にあわないものは仕方がない。中隊は、ポータブル・クレーン一基、一八トン牽引車一両、エレファント回収車一両を装備した整備小隊をひきつれて、イタリアへの移動にとりかかった。

列車への積みこみは二月一六日、エレファントの改修所であるザンクト・ヴァレンチンのニーベルンゲン製作所で開始された。

出発した列車は、ペヒラルン、パルンドルフ、ノイジードルを経由し、さらにザルツブルク、インスブルックを通ってブレンナー峠を越えた。いよいよイタリアである。ブルツァーノ、トレント、ボローニャ、そしてフィレンツェといったイタリアの歴史ある都市を経由し、二四日、ようやくローマに到着した。

彼らはローマの中心地、オスティエンセ駅で列車を降りた。エレファントは、ローマ郊外ネミ湖畔のジェンツァーノという町に集結し、その他の部隊もローマ周辺に陣どった。彼らは第五〇八重戦車大隊に配属され、行動するものとされた。

戦場におどりでた巨獣たち

第五〇八重戦車大隊に加えて、第六五三重戦車駆逐大隊の到着で、ドイツ軍攻撃部隊は大きくわきかえった。これで連合軍を海に追いおとせる。

ティーガー、エレファントは、かき集められたその他の機甲部隊と集成されて、連合軍の海岸堡を攻撃することになった。すべての部隊はヘア大将が指揮する第七六機甲軍団にまとめられ、特別に編成された第六九連隊本部のもとに、すべての機甲打撃部隊が配置された。

集められたのは、以下のような多彩な部隊であった。第四戦車連隊第一大隊（パンター）、第五〇八重戦車大隊（ティーガー）、第六五三重戦車駆逐大隊第一中隊（エレファント）、第二六戦車連隊第二大隊（Ⅲ号、Ⅳ号戦車、Ⅲ号火炎放射戦車）、第二一六突撃戦車大隊（ブルームベアー）、そして第三〇一無線操縦大隊（Ⅲ号突撃砲、BⅣ爆薬運搬車）である。

彼らはヘルマン・ゲーリング降下戦車師団、第三六二歩兵師団、第六七機甲擲弾兵連隊、そして第九機甲擲弾兵連隊と協力して攻撃するのだ。連合軍は絶対的な航空優勢を獲得し、強力な艦砲射撃の脅威もあったため、全車両はつねに偽装につとめ、集結地点への移動には細心の注意をはらわなければならなかった。

二月二八日午前四時、ドイツ軍の海岸堡への再度の総攻撃が開始された。攻撃はふたたびアルバノ～アンツィオ道沿いに指向された。

長雨と溢水により、道路以外は行動できなかった。迂回機動しようものなら、巨獣はたちまち地中にめりこんで、二度と抜けだすことなどできないのだ。

戦車はひたすら敵陣地に正面攻撃をくりかえすしかなかった。

二九日、イゾラ・ベーラにつづく海岸堡を攻撃した。第五〇八重戦車大隊は、前面装甲の厚いエレファントを先頭に立てることにした。いつもはシュタイン中尉のティーガーの役割

だ。その代わり、シュタイン中尉のティーガーは砲塔を旋回させて左右の警戒につく。

先頭に立ったのは、ヴェルナー・キュール軍曹のエレファントであった。彼らは、システルナ〜ネッツノ間の道路に沿ってイゾラ・ベーラへと進出しようとしていた。

「ハールト!」

ググーと沈むように、エレファントの巨体が停止する。橋が破壊されている。これでは進むことはできない。そもそもエレファントの巨体では、渡れる橋もすくないのだ。

「戻るんだ、ゆっくり転回させろ」

モーターがうなり、巨体はじりじりと回りはじめた。

「ズルズルズル、グシャー」

バランスを失ってエレファントは、道路から滑りおちてしまった。激しい金属音、サスペンションがひんまがる音がした。片方のキャタピラが溝に突っこんでしまったのだ。

シュタイン中尉のティーガーが回収をこころみた。

「グワン、グワン」

擱座した敵戦車を発見した連合軍は、回収作業中のドイツ軍に激しく撃ちかける。周囲は敵の野砲と迫撃砲の弾着で危険このうえない。

だれも外に出ようとしないので、砲手のシェーファーが外に出た。彼は二両をつなぎあわせた。

「ブオーーーン」

アンツィオ北東のシステルナ戦区で作動中の48口径砲装備のⅢ号突撃砲

ティーガーのエンジンがうなる。突然、衝撃が走る。二両をつなぎあわせたS字フックが、重さに耐えかねてちぎれたのである。

なおも牽引のための奮闘はつづけられたが、もはやどうすることもできなかった。そうこうするうちに、エレファントの戦闘室側面に徹甲弾が命中し、キュールと装塡手の一人が負傷した。

結局、エレファントだけでなく、回収にきたシュタイン中尉のティーガーまでまきぞえになって、放棄されてしまった。

あきらめきれず、その夜に再度、回収がこころみられたが、砲弾片を受けてキュール軍曹が戦死、回収作業は最終的に放棄された。

損害はそれだけではすまなかった。

グスタフ・コス上級曹長は、突然の爆発で戦闘室の装甲板に叩きつけられた。地雷を踏んだのだ。このくらいのことでは、エレファントの頑丈な車体はびくともしなかったが、転輪が吹き飛び、動くことができなくなった。

周囲には連合軍の砲弾が集中する。回収がこころみられたものの、どうにもならず、損傷した車体は、その夜、爆破された。ティーガーも四両が撃破され、数両が地雷を踏んで擱座した。エレファントもティーガーも、その威力を発揮することはできなかった。

ドイツ軍の攻勢は、敵との戦いの前に悪路との戦いであった。水浸しの地上で、機動の余地のないまま、攻撃部隊は連合軍の激しい砲撃にさらされ、損害は累積した。結局、ドイツ軍の攻撃は失敗に終わり、攻勢は三月一日には中止された。

これはアンツィオの連合軍海岸堡にたいする、ドイツ軍最後の攻撃となった。あまりにも犠牲が大きすぎる。貴重な戦力をこれ以上、無駄な攻撃ですりつぶすことはできない。ケッセルリンクは、連合軍海岸堡の撃滅をあきらめ、戦力を温存することにした。この戦力はイタリアの防衛に活用し、できうるかぎり連合軍の進撃を遅らせ、出血させるのだ。

連合軍は海岸堡からの突破には失敗したが、すくなくとも生き残ることはできたのである。もっとも、連合軍側もノルマンディー上陸の準備にいそがしく、アンツィオの海岸堡など、どうでもよい存在になっていたのだが……。

両軍はローマを間近にして睨みあいをつづけ、アンツィオとモンテ・カッシノの戦線が動きはじめるのは、この三ヵ月後のことである。

第20章 〝ハニー〟Ｍ３ローマへ向かう

ノルマンディー作戦を主攻とする連合軍にとってイタリア戦線は忘れられた存在だったが、グスタフ・ラインへの攻撃再興により、にわかに戦火は燃えあがり、つぎなる目標ヒトラー・ライン攻撃にはＭ３軽戦車までもが投入された！

一九四四年五月二四日〜二五日　メルファ川橋頭堡の戦い

再興された連合軍の攻撃

一九四四年一月から二月にかけての連合軍によるグスタフ・ラインへの攻撃とアンツィオ上陸作戦は、目に見える戦果をあげることはできず、戦線はローマを間近にして膠着状態におちいった。

連合軍はノルマンディー上陸作戦の準備にいそがしく、ドイツ軍も東部戦線の激闘を前に、両軍にとってイタリア戦線はほとんど忘れられた戦線となった。この戦線がふたたび動きはじめるのは、その三ヵ月後の一九四四年五月のことであった。

五月一一日、グスタフ・ラインにたいする連合軍の攻撃は再興された。

右翼のイギリス軍は、ラピド川を強行渡河することに成功したが、ドイツ軍はなんとかこの攻撃を阻止することに成功した。一方、左翼のアメリカ軍は、海岸付近でグスタフ・ラインの突破に成功したが、その後、サンタ・マリア・インファンテで阻止されてしまった。

しかし、両軍の中央をいくフランス軍は、ガリグリアノ川を強行渡河して前進すると、リーリ川沿いに前進して、ドイツ軍の後方連絡線を切断した。

イタリア戦線で行動中のＭ３偵察車。Ｍ３戦車の砲塔部分を取りはずしたものでカナダ軍装甲連隊付偵察部隊の所属

一七日、ケッセルリンクはグスタフ・ラインを見かぎって、すぐ後方の防衛線、ヒトラー・ライン（モンテ・カッシーノ後方のテレーレ山から南西にピエディモンテ・サン・ゲルマノをへて、リーリ川の渓谷をポンテコルヴォ、ピコから、アヴーニ山の山麓を通ってテラチナでティレニア海に到達していた）への撤退を命じた。

こうして長い間、連合軍を苦しめたグスタフ・ラインは突破され、一八日、ポーランド軍は連合軍の怨嗟《えんさ》の的であったモンテ・カッシーノを占領することができた。

連合軍は素早かった。彼らはグスタフ・ラインを突破するやいなや、すぐにヒトラー・ラインの攻撃にとりかかった。

一六日には、カナダ第一軍団が第八軍の南部戦区を引き継ぎ、軍団長のバーンズ将軍は翌日には、ヒトラー・ラインの攻撃を命じた。そして、その最終目標はローマであった。

軍団部隊は、リーリ川と国道六号線に沿って北西に進み、一九日にはポンテコルヴォでヒトラー・ラインに突きあたった。

連合軍は一九日から二一日にかけて、全線でヒトラー・ラインに到達し、攻撃準備を進めた。攻撃はアンツィオ海岸堡からの攻撃と呼応しておこなわれることになっていた。

二三日、増援をうけたアメリカ第六軍団は、じつに上陸いらい四ヵ月ぶりに攻撃を再開した。

また、ヒトラー・ライン正面からの連合軍の攻撃も、二三日から二四日へと日付が変わるころに開始された。

ポンテコルヴォには、戦車が集結していた。機甲部隊による突破で、一気にローマまで突進しようというのだ。カナダ第五機甲師団の作戦は、ふたつの局面にわけられていた。

第一段階は、ブリティッシュ・コロンビア竜騎兵連隊を中心としたボークス戦闘団が攻撃し、占領地域を二キロにひろげて攻撃拠点を確保する。

第二段階は、ストラスコナ連隊とウエストミンスター連隊を中心としたグリフィン戦闘団が攻撃拠点から出撃し、メルファ川に渡河点を確保するのである。

第一段階は、昼までには成功裡に達成された。ドイツ軍はパンター戦車をくりだして連合軍をあわてさせたが、全体としてドイツ軍の抵抗は軽微であった。

午後一時半には、グリフィン戦闘団の前進が開始された。

戦闘団の先鋒をつとめるのは、偵察部隊の司令部と軽戦車小隊一コである。攻撃部隊をひきいたのはストラスコナ連隊のエドワード・J・パーキンス少尉であった。

小隊には四両のM３軽戦車が装備されていた。かわいい、かわいい軽戦車であった。主砲は三七ミリ砲で、装甲は最大五一ミリ、北アフリカでさえ旧式戦車だったが、軽快な機動力で信頼性が高く、偵察用にはまだ役にたった。

パーキンスの乗った指揮戦車は、M３の砲塔を撤去したバージョンで、武装はオープントップの車体にM２重機関銃が装備されているだけだった。

しかし、車内にはトンプソン・サブマシンガンやブレン軽機関銃、PIAT擲弾発射機が満載されていた。

M３軽戦車ハニーの突進

「レッツ、ゴー！」

パーキンス少尉が部隊を発進させた。軽いキャタピラ音を残して、かわいいハニーが走りだす。後方からは、もうすこし重々しい音を残してストラスコナA中隊のシャーマン戦車がつづく。

その後ろからは連隊本部、そしてウエストミンスター連隊のA中隊がつづいた。さらにB中隊は右翼に、C中隊は左翼につく。

パーキンス部隊とともにメルファ川橋頭堡
の戦いに投入されたカナダ軍のシャーマン

ヘッドフォンからは、連隊長のP・G・グリフィン中佐の怒鳴り声が聞こえた。

「前進だ、とにかく前進するんだ！」

しかし、地形のために前進は容易ではなかった。土地は平坦であったが、数知れず不規則に溝が走っていた。道路はなかった。

乾いた大地を蹴たてて進む戦車のキャタピラは、さらさらに乾いた泥を舞いあげ、まわりは濛々《もうもう》たる土ほこりにつつまれた。そこここに、森や石作りの農家が点在しているのが見える。

パーキンスの小偵察部隊は、ボークス戦闘団の主力の脇をすりぬけて、前方に踊りだした。

「敵だ！」

農家の軒下に、ハーフトラックが止まっているのが見えた。これならM3でさえ容易に倒せる敵だ。

「ドドドドド」

機関銃が火を吹く。ドイツ兵はあわてて逃げだした。五名の敵兵がたおれ、二名が逃げのびるのが見えた。

　鎧袖一触、パーキンスは部隊を先へ進めさせた。

　その敵は、右側三〇〇メートル先に突然、姿をあらわした。なんと、敵はドイツ軍の主力戦車パンター戦車であった。

　パーキンスは仰天した。パンター戦車を見るのははじめてであった。どうやら敵も、こんなところで連合軍の戦車と出くわすとは、まったく予想していないようであった。

　パンターの車長は、砲塔ハッチに身を乗りだして仁王立ちのままだった。パーキンスはM2重機関銃にしがみつくと、発射ボタンを親指で強く押した。

「ガガガガガガ」

　メデュースは、力強い雄叫びをあげた。車長の肉体は引きちぎられて、ハッチの中にくずれ落ちた。

　車長が打ち倒されたパンターは、そのまま前進し、何が起こったのかわからないようだった。パーキンスが恐れた報復の一撃は、飛んでこなかった。

　もしパンターが本気になったら、彼のおもちゃのような戦車など、一瞬で鉄屑になってしまう。パーキンスは最高速度で、現場から逃げだした。

　パンターの脅威からは逃れることができたものの、その後、パーキンスの指揮戦車は機械故障でスタックしてしまった。パーキンスは修理のために軍曹を一人残し、小隊の他の戦車に乗りかえた。

メルファ川に近づくと、パーキンスは前方の農家の中で人が動くのを見た。一瞬の後、あたりは喧噪につつまれた。

「ボーーーー」

空気を引き裂くような悲鳴、ドイツ軍の機関銃だ。

「ファイヤー!」

パーキンスの三両のM3が三七ミリ砲を撃ちかける。しばらくすると、農家の窓のひとつに白旗が掲げられた。かなわずと見てドイツ兵は降伏した。

農家からは、八名のドイツ兵が腕を頭にあげて、ぞろぞろと歩きだした。ちょうどそこに、後続している歩兵部隊のハーフトラックが到着した。パーキンスは捕虜を彼らに引き渡すと、先をいそいだ。

メルファ川に到着すると、パーキンスは三両の戦車を物陰に隠した。戦車から降りて前へ歩み出た。彼の後ろには三名がつづき、ブレン機関銃で警戒した。

マッケイ軍曹は川のようすを見て、渡れそうなところを探している。七〇メートルほど右に、川床まで通じる狭い小道があった。

道は険しく、通るのは困難だったが、不可能ではなかった。パーキンスとマッケイは、対岸へと渡った。

対岸にたどり着くと、突然、彼らに向かって機関銃が撃ちかけられた。それも、なんといま渡ってきた対岸からである。ちょうど到着したA中隊の一両の戦車が、彼らをドイツ兵と間違えて、機関銃を撃ちこんだのである。

パーキンスはあわてて無線で連絡すると、射撃は止んだ。彼は隠れ場所を探して、そこにとどまった。

あたりを見渡し、なんとか戦車があがれそうな場所を探しだした。ドイツ軍はまだ彼らが取りついたことに気づいていないようであった。パーキンスはマッケイを対岸に戻らせると、道案内として戦車に川を渡らせることにした。

「ブオン、ブオン、ブオン」

エンジンがうなり、三両の戦車は注意深く川にはいった。パーキンスが見つけたルートに沿って、戦車は水をけたてて進む。対岸にとりついた戦車は、水辺に足をとられつつ苦労して岸をあがった。

メルファ川橋頭堡を守れ

パーキンスは対岸に渡った三両の戦車をダッグインさせて、この小さな橋頭堡を守り抜くことを決意した。

「ボーン」

仕掛けられた爆薬が爆発して、大きな穴が開く。乗員すべてはスコップをつかむと、大いそぎで穴を掘りひろげた。いつドイツ軍が反撃に出るかわからないのだ。一分一秒を争い、あらゆる階級のものが、穴掘りに専念する。

こうして戦車は、ちょうど斜面の上から砲塔だけを出して隠れられるようになった。一〇〇メートル離れたところに農家が見えた。どうやらドイツ兵が立てこもっているようだ。

パーキンスはマッケイと三名の部下をつれると、二梃のトンプソン・マシンガンと一梃のブレン軽機関銃で武装して、攻撃に向かった。彼らは川の土手の陰に隠れて前進し、まわりこむと家の後方から近づいた。

「かかれ!」

家の中に飛びこむ。

「ハンド、オフ!」

八名の完全武装のドイツ降下猟兵は、一発も撃つことなく、あっけなくパーキンスの捕虜となった。彼らを武装解除すると、パーキンスは一人の兵をつけて、捕虜として後方に送った。

それと同時に、彼は後続のA中隊のシャーマン戦車を渡らせるために、マッケイも行かせた。こうして橋頭堡には、一三名の男たちが残ることになった。

「チューン」

突然、パーキンスの小さな橋頭堡を弾丸がかすめた。ドイツ兵の射撃だ。一三〇メートルほど離れた木の中から、狙撃兵が撃ちかけてきたのだ。

狙撃兵ほど嫌な敵はない。砲弾飛びかう戦場を果敢に突撃する兵士たちが、たった一人の狙撃兵に釘づけにされることさえあるのだ。

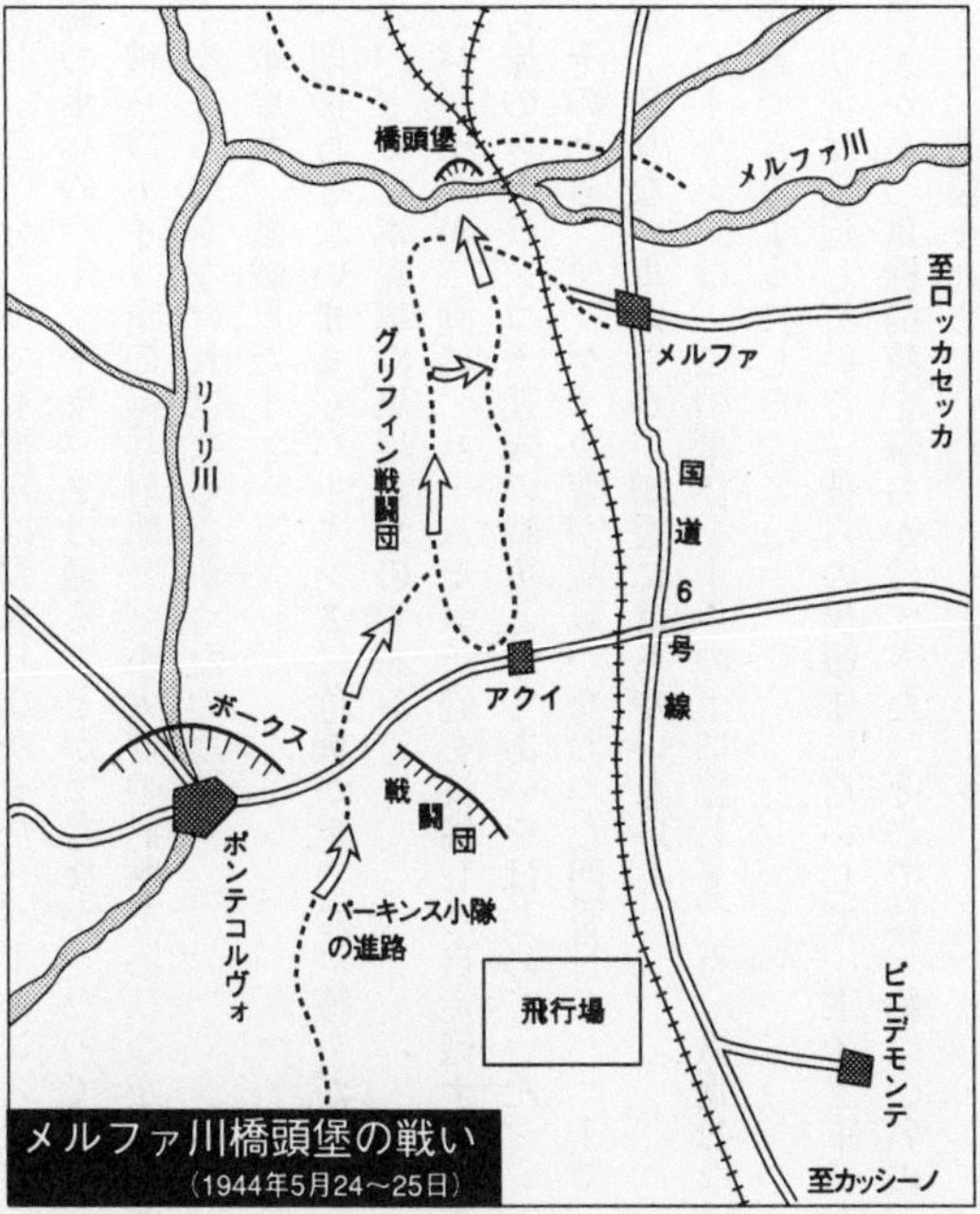

メルファ川橋頭堡の戦い
（1944年5月24〜25日）

「ＰＩＡＴを持ってこい！」

パーキンスは叫んだ。

ＰＩＡＴに榴弾が装填された。発射スプリングが引きしぼられ、パーキンスは狙撃兵のひそむ木に狙いを定めた。

「ポン」

放たれた弾丸は放物線を描いてゆっくりと飛んでいった。榴弾が炸裂する。木が倒れ、狙撃兵も吹き飛ばされた。

パーキンスは、じりじりしながら増援を待った。しかし、三〇分たっても彼らは到着しなかった。パーキンスたちの戦車が通ったルートを、後続の歩兵のハーフトラックは通ることができなかったのである。

彼らはドイツ軍の砲兵射撃と、小火器の射撃を浴びながら、渡河できる場所を探して、対岸をうろつかなければならなかったのだ。

「戦車だ、敵戦車だ！」

増援もこないまま、パーキンスに危機が迫った。彼らが占領した農家の左三六〇メートルに、ドイツ軍戦車が出現したのである。

パンターが二両に、八・八センチ砲を装備した自走砲ナースホルンだ。敵戦車は、すでに対岸のストラスコナ連隊の戦車と撃ちあいをはじめていた。

そのとき、マッケイ軍曹が故障がなおった四番目のハニーで、川を渡って橋頭堡にはいった。頼りない車両だが、増援にはちがいない。

パーキンスは、この車体を土手の下に隠して、万一撤退しなければならなくなったときに、援護できるようにした。

状況は緊迫していた。彼らの橋頭堡にたいして、ドイツ軍は左側に一三〇メートル離れた農家から、重機関銃を撃ちかけてきた。そこでは、約二〇名のドイツ兵が橋頭堡を攻撃しようと、準備を進めていた。

対岸のA中隊は、川をはさんでドイツ軍と死闘を演じていた。増援はきそうにない。自分たちだけで、なんとかしなければならない。パーキンスは一計を案じた。

「撃て、撃て、どんどん撃つんだ！」

パーキンスは、ドイツ兵に向かって重火器を目いっぱい撃つよう命じた。敵にこちらの兵力を気どられないようにするのだ。こちらがほんの一握りの兵力だと知ったら、彼らは一気呵成に橋頭堡を握りつぶしてしまうだろう。パーキンスは、ＰＩＡＴは戦車がくるときにそなえておいた。

対岸では、ドイツ軍の戦車と連合軍の戦車の激しい撃ち合いがつづいていた。数でまさる連合軍は、どうやらこの戦いに勝つことができたようだ。

メルファ川南岸には、激しい戦闘を物語る両軍の多数の戦車の残骸が骸《むくろ》をならべていた。五両のドイツ軍の自走砲が黒煙をあげて燃えていた。

一方、ストラスコナA中隊とC中隊は、保有するシャーマンの半分をうしなっていた。そして、おおくの将校が戦死するか負傷していた。

時間は午後四時になっていた。事態は危機的だった。グリフィン大佐はパーキンスに、橋頭堡をたたんで撤退するよう命じた。パーキンスは逃げだしたくなかった。彼はなんとしても、貴重な橋頭堡を守りぬくつもりであった。

一時間後、ジャック・K・マホネィ少佐ひきいるウエストミンスター連隊A中隊の歩兵は、「歩いて」川を渡った。こうして増援を得た橋頭堡は確保された。

マホネィは、すぐに攻撃にとりかかった。まず、ドイツ兵が立てこもっている左翼の農家を奪取するのだ。

Ⅳ号戦車の車体に強力な8.8センチ砲を搭載した自走砲〝ナースホルン〟

パーキンスがひきいる小部隊は、ひそかに小屋に襲いかかり、二〇名のドイツ兵を捕虜にした。

パーキンスは攻撃をつづけた。ナースホルンは、まだ対岸のA中隊の戦車と撃ち合っていた。このいまいましい敵を排除するのだ。

フンク曹長がPIATでの攻撃を志願した。A中隊の二梃のブレン機関銃が援護する。フンクはナースホルンに九〇メートルまでにじり寄る。

「ポン」

発射。外れた。二発目、三発目。フンクはようやく四発目で、この化け物を屠ることができた。

ブレン機関銃手が一名の乗員を射ち殺し、残りは捕虜になった。二両のパンターは、いまやマホネィの司令部が置かれていた農家の七〇〇メートル後方へと後退した。

暗くなるすこし前、橋頭堡に三両のパンターに支援された一〇〇名の歩兵が襲いかかった。橋頭堡では、ドイツ軍を寄せつけないために、トンプソン、重機関銃その他ありとあらゆる火器を、そこら中に向けて射撃した。

対戦車火力があると思わせるために、ＰＩＡＴもこのときばかりと、射程外でも撃って撃って撃ちまくった。

パンター戦車は三六〇メートルの距離で榴弾を撃ちかけた。しかし、彼らの狙いは高すぎ、たいした損害はあたえられなかった。

パンターはＰＩＡＴの射撃に恐れをなして、一五〇メートルで回れ右をした。彼らはその後、もう一回攻撃をしかけたが、橋頭堡はなんとか持ちこたえることができた。

すでに視界は効かず、ＰＩＡＴの弾薬は残りすくなくなっていた。幸運なことに、ドイツ軍戦車は九〇〇メートルほどのところまで後退し、攻撃してこなかった。

ちょうどそのとき、ウエストミンスター連隊Ｃ中隊が川を渡って橋頭堡にくわわった。Ｂ中隊もこれにつづいた。

夜間にドイツ軍は、橋頭堡にたいしてネーベルファーの射撃をくわえたが、もはやカナダ軍の橋頭堡は排除できなかった。

すべての道はローマへ！

アンツィオからの進撃、グスタフ・ラインにつづいてヒトラー・ラインにも突破口がうがたれたことで、連合軍はようやく北西、イタリアの首都ローマに向かって進撃を開始することができた。

二五日には、アンツィオから東に出撃した米第六軍団の部隊は、海岸沿いを前進してきた米第五軍部隊と握手をして、海岸のドイツ軍を包囲した。

しかし、獲物はそれほどおおくはなかった。もし連合軍が北西に進まず、北に進めば、彼らはドイツ第一〇軍そのものを袋のネズミとしたであろう。

連合軍はドイツ軍の殲滅ではなく、ローマという象徴的な目標を奪取することを選んだ。こうしてドイツ軍は、ふたたび生き延びることができた。

ケッセルリンクは、たくみな後退戦闘をおこない、全線のドイツ軍を粛々と後退させた。つぎの防衛線はシーザー・ラインである。

北はアドリア海のペスカラからペスカラ川を通り、南西にポポリ、ペスキナをへて山岳地帯を越え、アヴェッツァノから、ヴェルモントーレ、アルバノからティレニア海岸につづく。ドイツ軍はヴェルモントーレやヴェルトリでアメリカ軍を阻止し、連合軍の急進撃を許さなかった。連合軍がようやくローマに入城できたのは、月が変わった六月四日、ノルマンディー上陸作戦のわずか二日前のことであった。

すべての道はローマへ、しかしシチリア上陸いらいほとんど一年、長い長いじつに長い道程であった。

あとがき

このたびは『タンクバトルV』をご購入いただきまして、誠にありがとうございます。顧みますれば『タンクバトル』も、よくぞここまで巻を重ねられたことと思います。そもそも当初は漠然と数ある戦車戦の歴史を編もうとは思ったものの、ここまでつづけることができたのは、ひとえに読者の皆様のおかげだと感謝に堪えません。

さて、V巻をご購入いただきました読者の皆様はもうご存じかもしれませんが、本書は戦車戦を描いた平易な戦史書として、潮書房光人社より発行されている月刊『丸』誌上に連載されている「タンクバトル」を元に編まれたものです。今回の単行本収録にあたっては、物語りの構成上、連載記事に一部加筆し、本誌では取り上げなかったエピソードを追加しています。

今回収録された戦車戦の範囲は、第二次世界大戦史上でも激しさを増すばかりの、独ソの戦車戦の後半期に焦点をあてています。一九四三年夏から一九四四年夏にかけての一年は、東部ではロシア軍の大攻勢で、ドイツ軍は北部レニングラード周辺でも、南部のウクライナでも敗退を繰り返しました。レニングラードの包囲は解かれ、エストニアでの防戦はティーガーのエース、オットー・カリウスの伝説を作り出しました。ウクライナではコルスンで包囲されたドイツ軍が壊滅し、戦線には大穴が開きドイツ南方軍集団は敗走します。

一方、西部でもイタリアにつづいてついに西側連合軍はノルマンディーに一大上陸作戦を挙行し、ついに本物の第二戦線が作られました。ドイツ軍は連合軍の海岸堡への反撃を企てますが、陽動作戦との思い込みによる初動の遅れ、そして連合軍の圧倒的な兵力を前に、失敗に終わります。しかし、その後、長く連合軍は狭い海岸堡に閉じ込められ、一進一退の攻防が繰り返されます。そうしたなか、ここでもティーガーのエース、ミハイル・ビットマンの伝説が生まれました。

こうしてドイツ軍は常に恐れた東西二正面作戦を強いられ、しかも敵が強大化する一方で連合軍の空襲により、ドイツの国力は低下するばかりでした。戦いはつづいていたものの、もはやドイツの戦勢利あらずして、その敗北はだれの目にも明らかになりつつありました。しかし、そうしたなかでも必死で戦いつづけるドイツ軍戦車隊は、その装備の優秀さと戦車兵の技量の高さを示し、局地的な勝利をあげることもしばしばでした。そうした一方で、優秀な戦車エースさえも、連合軍の物量の前に衆寡敵せず斃れていきます。その悲壮感あふれる戦いぶりは、戦車ファンの琴線にふれるところでしょう。

さて、戦争はいよいよ終盤に到達し、ドイツ軍そしてドイツ同盟国は、東西両戦線からドイツ本土に向かって進撃する、ソ連、西側連合国の圧倒的な兵力に立ち向かわざるをえなくなります。ソ連軍はフィンランドを戦争から取り除き、ポーランド、ルーマニア、ハンガリーへと進撃します。一方、西側連合軍はノルマンディーから出撃し、フランスを解放しドイツ国境へと近づきます。これまでとは様相の異なる激戦、これらはこの後、『タンクバトルⅥ、Ⅶ』へとつづくことになります。ぜひ、今後ともご期待いただきたいと思います。

末筆ではありますが、本書を出版する上でご協力いただいた、皆様すべてに心から御礼申し上げます。とくにいつもながら見事なイラストを描いて下さいます、当代随一のミリタリー・イラストレーターの上田信様、筆者を叱咤激励しながら辛抱強く応援して下さいました潮書房光人社の川岡様、『丸』本誌上への連載の機会を設けて下さいました竹川様、その他多くのご協力をいただきました皆々様に、紙上を借りまして心から御礼申し上げます。

平成二十一年十二月

齋木伸生

文庫版あとがきに代えて

——戦車隊エースの競演

◆戦車エースとは

今回のタンクバトルは、ノルマンディーの戦いが表題となっているが、ご承知のとおり本巻にはそれ以外の、東部戦線やイタリア戦線の戦車戦もふくまれている。その中には巷間有名な戦車兵の名前も散見され、くしくも戦車隊エースの競演となった感がある。

しかし、そもそも戦車エースとはなんぞやというと、これがなかなか説明が困難だったりする。本来エースなる言葉は、第一次世界大戦中に、多数の敵機を撃墜した戦闘機パイロットのことを指す。当初は一〇機以上をエースと称したが、のちに五機以上となり、それが事実上の世界スタンダードとなった。

ひるがえって戦車の世界を見ると、世界的にこのような公式にエースに該当する称号は存在しない。このため戦車エースとは、戦史研究者等があくまでも私的に、エースパイロットを援用して呼び習わしているにすぎないのだ。そもそもが、エースパイロットと同様に戦車エースを定義するのには問題がある。

それは、戦闘機パイロットが基本的にただ一人（複座機もあるにせよ）で戦闘するのにたいして、戦車は三～五人という複数人が基本である。戦車を指揮するのは戦車長であり、戦車長が戦車エースの称号を受けるのが普通だが、公平を喫するなら協同する砲手そして操縦手の技量あっての戦果と言うべきであろう。

さらに公式に存在しないということは、エースパイロットのような、世界的基準もないということでもある。そんなもの、戦車をいっぱい撃破すれば戦車エースじゃないか、といわれそうだが、撃破の基準とか、戦車以外、とくに戦車以上に強敵というべき対戦車砲をカウントすべきじゃないか、とか本当はクリアーしなければならない問題なのだ。

まあ、それらをいっさいがっさい置いておいて、話を先に進めよう。戦車エースといえば、なんといってもドイツ軍戦車兵が群を抜く。それはやはり日米英は戦車戦の機会が少なく、比較にならない苛烈な戦車戦が行なわれたのは、独ソの戦場だからだ。あれ、じゃあソ連は、といえば彼らはドイツ軍ほど、緻密で几帳面に戦果確認を行なわなかったのだ。

◆珠玉のドイツ軍エースたち

そのドイツ軍のトップ戦車エースといえば、クルト・クニスペル軍曹で戦車撃破のスコアは一六八両である。だれ？　と言いたくなるかもしれない（もちろん、ちゃんと知っている人は知っているだろうが）。なぜか巷間伝えられるような有名人ではないのは不思議だ。それにつづく戦車エースこそが、今回の巻で取り上げた、オットー・カリウス中尉で、そのスコアは一五〇両となっている。

第三位はヨハネス・ベルター大尉で、そのスコアは一四四両。この人もだれ？と思えるかもしれない。つづく第四位が、やはり今回の巻で大活躍するミハイル・ビットマンSS大尉である。そのスコアは一三八両にのぼる。

ちなみに彼らはすべて、ティーガー戦車で戦っており（スコアにはそれ以外の車体での戦果もふくまれる）、彼らが戦車エースとなれた理由には、伝説的ともいえるティーガー戦車の優秀性もあったのだろう。しかし、もちろんティーガーに乗っていたからといって、すべての戦車兵がエースになれたわけではない。彼らエースにはそれだけでない実力があったのだ。このへんは、カリウスのナルバの戦いで、部署を代わった僚車がすぐに、損傷、再交代の憂き目にあったことからもあきらかだろう。

それでもやはり第五位も、ティーガー乗りでパウル・エッガーSS中尉。そのスコアは一一三両になる。このようにティーガー戦車のエースはそれこそ一〇〇両以上の猛者がごろごろしており、カリウスの僚車として奮戦した、アルベルト・ケルシャー上級曹長なども、一〇〇両以上の戦果をあげている。

パンター戦車のエースとして知られるのが、この巻のコルスン包囲戦の項で、二三九高地を奪うべく奮戦したハンス・シュトリッペル准尉だ。そのスコアは七〇両以上になる。同じくこの巻でビットマンに負けず大活躍した、エルンスト・バルクマンSS曹長がいる。彼ののスコアは五〇両以上といわれる。

パンター戦車のエースは、第七機甲師団に所属しウクライナで戦った、ハンス・バーボ・フォン・ロール中尉もいる。ＳＳ第一〇機甲師団フルンツベルクに所属し、ノルマンディーで戦った、エルヴィン・バッハマンＳＳ中尉といった名前もあげられる。

また、ルドルフ・フォン・リッベントロップＳＳ大尉は、ＳＳ第一二機甲師団ヒトラー・ユーゲントのパンター乗りとして、ノルマンディーの戦いに参加している。彼は前巻のクルスクの戦いで、Ⅳ号戦車でソ連戦車あいてに激戦を演じた人物だ。

彼のスコアはⅣ号戦車であげたものが多数ある。ＳＳ第一二機甲師団には、同様にⅣ号戦車でスコアをあげたエースが多数いた。Ⅳ号戦車乗りのエースには、コルスン包囲陣に閉じ込められた、ＳＳ第五機甲擲弾兵師団ヴィーキングの、パウル・ゼンクハスＳＳ大尉などもいた。

イタリア戦線はあまり戦車戦向きの場所でなく、エースの活躍の話も聞かない。そのイタリアで戦ったエース、それも空軍のエースがハンス・ザンドロック少佐だ。イタリアだけでも珍しいのに空軍？　空軍がなんでまた？　種明かしをすればヘルマン・ゲーリング機甲師団に所属していただけの話だ。もっとも、彼らは一九四四年七月には東部戦線に移動させられたのだが……。

◆戦車隊指揮官

戦車エースといえば個人（本来は戦車というチームだが）の話だが、同じく戦車エースというくくりでしばしば扱われることがあるのが、戦車隊指揮官だ。彼らは個人として敵戦車を多数屠ったわけではないが（もちろん大きな部隊の指揮官になる以前に、戦車エースだった場合もあるが）、優秀な戦車部隊指揮官として、巧みな戦車運用を行ない名を残した人物である。

多数の戦車エースが輩出されたように、ドイツ軍ではこのような「エース」戦車隊指揮官が輩出された。それはもう、グデーリアンやロンメル、そしてマンシュタインといった伝説級の名前をあげれば自明であろう。彼らの名前は本巻でもそこかしこに見られるが、それら伝説級人物については、いまさら取り上げる必要はあるまい。

じつのところエース戦車隊指揮官なるものは、戦車エース以上にどのような基準で選べばいいのか困るが、これも難しいことは抜きにして、話を先に進めよう。本巻でまず名前が出てくる人物には、フリッツ・バイエルライン中将がいる。彼は第一次世界大戦中は士官候補生として歩兵部隊に勤務したベテランだ。戦後参謀将校となり、ポーランド戦役、西方侵攻、そしてバルバロッサ作戦に参加した。

彼が名をあげることになるのは、ロンメル率いるアフリカ軍団の参謀長として、幾多の戦いに参加したことによる（参謀将校は直接部隊を指揮するわけではないから、バイエルラインは厳密には戦車隊指揮官といえないわけだが、それは置いておいて）。アフリカ戦役の終結後、バイエルラインが就いたのが、第三機甲師団長だったわけである。

やっと本物の戦車隊指揮官となったバイエルラインの戦いぶりは、本巻に見たとおりである。彼は崩壊せんとするウクライナの戦線を支えて戦いつづけた。そしてバイエルラインは、ふたたび本巻に登場する。今度はドイツ軍屈指のエリート戦車部隊である、戦車教導師団長としてノルマンディーの戦線を支えて。

同じくノルマンディーで名を馳せたのが、クルト・マイヤーSS少将、別名パンツァー・マイヤーである。彼は武装親衛隊将校として、ポーランド戦役から戦争に参加した。当初は対戦車部隊所属で、のちにオートバイ部隊に転じて、西方侵攻作戦に参加した。その後オートバイ部隊は機甲偵察部隊に改編され、ギリシャ侵攻、そしてバルバロッサ作戦に参加している。

一九四三年六月、マイヤーはSS第一二機甲師団の編成の基幹人員として加わる。彼は戦車連隊長を希望したが、任命されたのは機甲擲弾兵連隊長であった。そういう意味ではマイヤーは、戦車隊指揮官ではなかった。それがノルマンディーの戦場で、フリッツ・ヴィット師団長が戦死したことで、はからずもマイヤーが師団長、戦車隊指揮官となったわけである。

彼らほど有名人ではないが、本巻のノルマンディーの戦いの中で名前が出て来た戦車隊指揮官が、ヘルマン・フォン・オッペルン＝ブロニコウスキー少将（最終階級）である。彼は第一次世界大戦では歩兵将校として戦い、なんと一級、二級鉄十字章を受賞している。当時彼はまだ一九歳だった。

おもしろいのが一九三六年のベルリンオリンピックで馬術競技（団体）で金メダルを獲得していることだ。ちなみに一九六四年の東京オリンピックでは、カナダの馬術チームのインストラクターを勤めたという。当時それを知っていたら会いに行ったのに（いや、自分の年齢的に無理だから）。

彼は偵察部隊の将校としてポーランド戦役に参加、その後軍参謀将校となり、戦車連隊長としてバルバロッサ作戦に参加した。第三五、第二〇四、第一一戦車連隊の連隊長を歴任したというのは、前二者と異なりまさに生粋のエース戦車隊指揮官と言えそうだ。実際彼はスターリングラード攻防戦、クルスクの戦いに参加し、本巻のノルマンディーの戦いでも奮戦することとなったわけである。

単行本　平成二十一年十二月「激突！　ノルマンディー戦車戦」改題　光人社

NF文庫

ノルマンディー戦車戦

二〇一五年五月十五日　印刷
二〇一五年五月十九日　発行

著　者　齋木伸生
発行者　高城直一
発行所　株式会社潮書房光人社
〒102-0073　東京都千代田区九段北一-九-十一
振替／〇〇一七〇-六-五四六九三
電話／〇三-三二六五-一八六四㈹
印刷所　慶昌堂印刷株式会社
製本所　東　京　美　術　紙　工
定価はカバーに表示してあります
乱丁・落丁のものはお取りかえ致します。本文は中性紙を使用

ISBN978-4-7698-2888-4　C0195
http://www.kojinsha.co.jp

NF文庫

刊行のことば

第二次世界大戦の戦火が熄《や》んで五〇年——その間、小社は夥しい数の戦争の記録を渉猟し、発掘し、常に公正なる立場を貫いて書誌とし、大方の絶讃を博して今日に及ぶが、その源は、散華された世代への熱き思い入れであり、同時に、その記録を誌して平和の礎とし、後世に伝えんとするにある。

小社の出版物は、戦記、伝記、文学、エッセイ、写真集、その他、すでに一、〇〇〇点を越え、加えて戦後五〇年になんなんとするを契機として、「光人社NF（ノンフィクション）文庫」を創刊して、読者諸賢の熱烈要望におこたえする次第である。人生のバイブルとして、心弱きときの活性の糧《かて》として、散華の世代からの感動の肉声に、あなたもぜひ、耳を傾けて下さい。